AF643373

Sitzungsberichte
der Heidelberger Akademie der Wissenschaften
Stiftung Heinrich Lanz
Mathematisch-naturwissenschaftliche Klasse
Abteilung A.
Jahrgang 1924. 5. Abhandlung.

Über die Entstehung der lothringischen Lehme und des mittelrheinischen Lößes.

Mit Ausblicken auf den Löß des Niederrheins und der Magdeburger Börde.

Von

L. van Werveke
in Magdeburg.

Eingegangen am 12. Januar 1924.

Berlin und Leipzig 1924
Walter de Gruyter & Co.
vormals G. J. Göschen'sche Verlagshandlung / J. Guttentag, Verlagsbuchhandlung / Georg Reimer / Karl J. Trübner / Veit & Comp.

Über die Entstehung der lothringischen Lehme und des mittelrheinischen Lößes.

Mit Ausblicken auf den Löß des Niederrheins[1]) und der Magdeburger Börde.

An verschiedenen Stellen habe ich mich dafür ausgesprochen, daß die Lehmablagerungen des Zaberner Bruchfeldes im Unterelsaß verschiedenalterig sind, teils seitlich in sandigen Lehm übergehen[2]), teils sich über Geröll- und Sandstufen aus sandigem Lehm entwickeln. Man hat es in letzterem Falle „mit einer gleichförmigen Aufeinanderfolge von Absätzen zu tun, welche auf eine vielleicht durch Stauung verursachte, allmähliche Abnahme der Transportfähigkeit des Wassers schließen läßt".[3]) Ich betonte die Notwendigkeit der Ausscheidung der sandigen Lehme auf Karten und versprach mir dadurch nicht nur ein vollständigeres geologisches Bild, sondern auch einen genaueren Einblick in die Bildung der diluvialen Ablagerungen, und zwar nicht nur des Lehmes, sondern auch des Lößes. Allgemein auf die Bedeutung der Untersuchung des Lehmes auf seine Beimengungen habe ich schon 1886 hingewiesen.[4]) Die Annahme wäßriger Entstehung machte ich auch für die Lehmablagerungen an der lothringischen Saar ([3]), S. 319) und lehnte Windabsatz unter Hinweis auf den Gehalt der Lehme an Vogesensand ab.[5]) Absatz aus gestauten Wassern habe ich auch für die ausgedehnte Lehmdecke des Bisch-Waldes nördlich von Groß-Tänchen im Fluß-

---

[1]) Den Rheinlauf gliedere ich in den Oberrhein von den Quellen des Rheins bis Basel, den Mittelrhein von Basel bis Bingen und den Unterrhein von Bingen bis zur Mündung. In letzterem unterscheide ich das Engtal zwischen Bingen und Bonn vom Niederrhein unterhalb dieses Ortes. — Vergl.: Die Entstehung des Mittelrheintales und der mittelrheinischen Gebirge. Mitteil. Ges. f. Erdkunde und Kolonialwesen zu Straßburg i. Els. 4. Heft, Jahrg. 1913. Straßburg 1914, S. 1.

[2]) Profil im Diluvium am Bahnhof Buchsweiler im Unterelsaß. — Mitteil. Geolog. L. A. Els.-Lothr. Bd. 4, 1893, S. XXIII.

[3]) Die Gliederung der Lehmablagerungen im Unterelsaß und in Lothringen. — Ebenda, Bd. 5, H. 4, 1902, S. 313.

[4]) Bemerkungen zu einer Mitteilung des Herrn Grebe über die Verbreitung vulkanischer Sande zu beiden Seiten der Mosel. — Mitteil. Geolog. L. A. Els.-Lothr., Straßburg 1887, Bd. 1, H. 2, S. 99—103.

[5]) Erläut. zu Blatt Saarbrücken der geolog. Karte v. Els.-Lothr. 1 : 200 000. Straßburg 1906, S. 261.

gebiet der Deutschen Nied angenommen.[1]) Meine Auffassung über die Lehme des Saargebietes wurde durch die Untersuchungen von Hemmer [2]) vollauf bestätigt. Sie gilt aber auch für das Moselgebiet, wie eine Beobachtung zeigt, welche ich im Jahre 1907 gelegentlich von Ausschachtungen für einen Festungsbau auf der Höhe südöstlich von Mercy bei Metz (ONO von Peltre) am NWrande des Waldes von Champel zu machen Gelegenheit hatte. Lehm war hier über Beta-Tonen des Unteren Lias in einer Mächtigkeit von 8 m aufgeschlossen worden. In seinen tieferen Teilen war er sandig entwickelt, ganz zu unterst, stellenweise bis zu einer Dicke von 1 m, reich an „Blättelerzen“ [3]), die aus dem Zerfall und der Überschwemmung der Ovoiden (Toneisensteinknollen) der Margaritatus-Schichten des Mittleren Lias hervorgegangen sind. Bruchstücke von Pecten aequivalvis wiesen auf verschwemmte Costatus-Schichten hin. Der reichliche Sand, der durch Schlemmen des sandigen Lehmes gewonnen wurde, ließ sich unzweideutig als Vogesensand erkennen. Die Plättelerze sind der Absatz eines Wasserlaufs aus dem Liasgebiet, der Sand des Lehmes weist aber auf die damals wahrscheinlich weiter östlich fließende Mosel hin. Die Höhe, auf welcher der Aufschluß lag, reicht bis 236 m, die Mosel fließt heute an der am nächsten gelegenen, immerhin 12 km entfernten Stelle bei 168 m, also 68 m tiefer.

Es lassen sich an der Mosel innerhalb des ehemaligen Deutsch-Lothringen 8 Schotterstufen unterscheiden, die 160 (Strom-Berg bei Sierck[4])), 83, 60, 40, 25, 12, 5—6 und 3—4 m über dem mittleren Moselspiegel liegen.[5]) Die Lehmabsätze auf der Höhe bei Mercy können also durch Stauungen veranlaßt sein, welche nach der Aufschüttung der 60 m-Stufe stattgefunden haben. An der Saar steht ihr die Schotterstufe zwischen 50 und 60 m nahe, die von Vogesensand führendem Lehm überlagert ist (S. 4,[2]), 31—32). In dem Querschnitt,

[1]) Die Entstehung der lothringischen Weiher. — Mitteil. Philomath. Ges. in Els.-Lothr. 11. Jahrg. 1903, S. 106.

[2]) Untersuchungen über Oberflächengestaltung und Talstufen im Flußgebiet der Oberen Saar. — Mitteil. Ges. f. Erdkunde u. Kolonialwesen zu Straßburg i. Els. für die Jahre 1915/17, Straßburg 1918, S. 14—18.

[3]) Wohl richtiger Plättelerzen, weil das Erz aus kleinen Plättchen besteht.

[4]) Ungefähr die gleiche Höhenlage, 150 m über der Meurthe und der Mosel, haben die Schotter auf der Hochfläche der Haye zwischen Nancy und Toul, von denen Hemmer (S. 21) annimmt, daß sie vielleicht dem Miocän angehören.

[5]) L. van Werveke, Grundwasserversorgung im deutsch-lothringischen Teil des Mosel-Tales aus Schottern der Diluvialterrassen. — „Das Wasser“, 9. Jahrg. 1913, 446—449 und 475—477.

den ich bei früherer Gelegenheit[1]) durch die verschiedenen Stufen der Rheinschotter für die Gegend nördlich von Basel gegeben habe, reichen die Sundgauschotter bis 270 m, der ältere Deckenschotter bis 110 m, der jüngere Deckenschotter bis 80 m, die Hochterrasse bis 60 m und die Niederterrasse in ihrer höchsten Stufe bis 35 m über den Rhein.[2]) Die verschieden hohen Lagen der Schotterstufen haben nicht ihren Grund in früher gleich hohen Wasserständen des Rheins, sondern in ruckweise wiederkehrenden, verschieden starken Heraushebungen früher tiefer liegender Absätze desselben. Für Vergleiche mit entfernteren Gebieten sind die mitgeteilten Zahlen nicht geeignet, weil schon verhältnismäßig wenig weiter nördlich die Hochterrasse nach den Feststellungen von Br. Förster unter die Niederterrasse untersinkt.[3]) Deshalb habe ich auch schon früher den Versuch von de Lamothe[4]) zurückgewiesen (S. 3,[3]), 320, Anm. 3), die Altersbestimmung der Schotterstufen nach ihrer Höhenlage über der Talsohle vorzunehmen. Sie läßt sich nur für beschränkte, nicht für ausgedehntere Gebiete durchführen, da die tektonischen Bewegungen in verschiedenen Gebieten ein verschiedenes, teils durch Hebungen, teils durch Senkungen bedingtes Ausmaß erreicht haben können. Deshalb kann man wegen ihrer gleichen Höhenlage über den heutigen Flußläufen die 60 m-Stufe der Mosel nicht mit der gleich hoch gelegenen Hochterrasse des Rheins vergleichen. Sie entspricht denn auch tatsächlich einer höheren Stufe, denn die Hochterrasse ist, wofür sich Schumacher 1897 ausgesprochen hat[5]),

---

[1]) Nochmals die Mittelterrasse Steinmanns. Gliederung des Lößes. — Mitteil. Geolog. L. A. Els.-Lothr. Straßburg i. Els. 1913, Bd. 8, H. 1, S. 142.

[2]) Die 5 Stufen, in welche die Niederterrasse unterhalb Basel durch Auswaschung infolge ruckweiser Heraushebung gegliedert ist, verlieren sich nordöstlich von Mülhausen und gehen in eine einzige Stufe über. Vgl. Skizze der Stufen in der Niederterrasse des Rheins zwischen Basel und Mülhausen i. Els. Dargestellt von E. Kraus unter Benützung von Aufnahmen von Th. Buri, Br. Förster, A. Gutzwiller, H. Niklas und eigenen Aufnahmen 1 : 100 000. Geognost. Jahresh. München 1921, Jahrg. 34. — Nach den Aufnahmen von Br. Förster habe ich eine Übersicht über den Verlauf der Stufenränder östlich von Mülhausen in dem Aufsatz „Versuche zur Erweiterung der Wasserversorgung von Mülhausen“ gegeben. — Mitteil. Philomath. Ges. Els.-Lothr. Bd. 3, Jahrg. 12, 1894, S. 160—170 mit Tafel. Vergl. auch Förster, Aufnahmebericht für 1895. Mitteil. Geolog. L. A. Els.-Lothr. 1896, Bd. 4, H. 4, S. LXXVIII.

[3]) Übersicht über die Gliederung der Geröll- und Lößablagerungen des Sundgaus. Mitteil. Geolog. L. A. Els.-Lothr. 1892, Bd. 3, H. 2, 123—132.

[4]) Étude comparée des systèmes de terrasses des vallées de l'Isser, de la Moselle, du Rhin et du Rhône. — Bull. Soc. géol. France (4) 1, 297—382.

[5]) Über das erste Auftreten des Menschen im Elsaß. — Mitteil. Philomath. Ges. Els.-Lothr. 1897, Jahrg. 5, S. 115.

im Moseltal durch die ausgedehnte Stufe des Sablon (Sandplatz) südlich von Metz vertreten, welche sich bis zu 25 m über die Mosel erhebt. Ihre Sande und Gerölle reichen in der Richtung auf die Höhe bei Mercy bis zu 5 km von der Mosel. Ihr Alter ergibt sich aus dem Vorkommen von Backenzähnen des Elephas antiquus, die ich aus einer gleich hoch gelegenen Schotterstufe westlich von Ueckingen von dem Besitzer einer bei der Bruckmühle in ihr angelegten Sandgrube kurz vor Kriegsausbruch für die Geologische Landesanstalt von Elsaß-Lothringen erworben habe.[1]) Ein Steinbeil, welches in den Sanden der Sablonstufe gefunden wurde, stellen A. R. Schmidt und P. Wernert [2]) in die frühe Acheulstufe (Hundisburger Stufe Wiegers), während Reste der späteren Acheulstufe (Markkleeberger Stufe Wiegers [3])) bei Achenheim im älteren Löß gefunden wurden, der auf die Hochterrasse folgt. Erstere entspricht der 1. Zwischeneiszeit in Norddeutschland, letzterer der 2. Eiszeit. Leppla [4]) hat die Sablonstufe mit der Niederterrasse verglichen. Bezeichnend für diese ist die fast durchweg große flächenhafte Ausdehnung, während die Hochterrasse durch spätere Auswaschungen meist stark zerteilt ist. Die Sablonstufe bildet eine Ausnahme, weil sie durch Verlegung des Mosellaufs gegen W gegen die von der Doggerhochfläche herunterkommenden Seitenzuflüsse geschützt ist, gegen O durch die ihrem Rand entlang laufende Seille gegen die von der Liastafel stammenden Wasserläufe. Der sandige Lehm und der Lehm auf der Höhe bei Mercy sind also älter als der ältere Sandlöß und der ältere Löß des Rheintales.

Schichtung ist der sichtbare Ausdruck für Veränderungen im Stoffabsatz, wobei Verschiedenheit des Stoffes oder, bei gleichem Stoff, verschiedene Korngröße in Betracht kommen können. Im ersten Fall können die Schichtfugen Unterbrechungen von sehr verschiedenem Zeitumfang entsprechen, der letzte Fall weist auf verschiedene Tragfähigkeit des Absatzmittels hin, welche ihrerseits von verschiedener Bewegung desselben abhängt. Grober Stoff wird aus stark bewegtem, sehr tragfähigem, feiner Stoff aus nur wenig bewegtem oder ruhendem, deshalb

[1]) L. van Werveke, Vic und Metz. „Die Vogesen", 1914. Jahrg. 8, S. 128.

[2]) Die archaeologischen Einschlüsse der Lößstation Achenheim i. Els. und die palaeolithischen Kulturen des Rheintales. — Praehistor. Zeitschr. 1900, Bd. 1, 339—346.

[3]) Geologisches Wanderbuch für den Regierungsbezirk Magdeburg. Stuttgart 1924, S. 208.

[4]) Das Diluvium der Mosel. — Jahrb. Preuß. Geolog. L. A. 1910, Bd. 31, T. 2, H. 2, 343—376.

wenig tragfähigem Absatzmittel niedergeschlagen. Gleichmäßige, schichtungslose oder anscheinend schichtungsfreie Ablagerungen entstehen bei gleichbleibendem Stoff und gleichbleibender Tragfähigkeit des Absatzmittels. Letztere ist aber am sichersten bei ausgedehnten gestauten Wassern gewährleistet. Wenn wir Absätze von gröberem und von feinerem Korn von unten nach oben ineinander übergehen sehen, so liegt kein Grund vor, eine Änderung im Absatzmittel anzunehmen, denn der Wechsel wird vollkommen durch eine Änderung in der Tragfähigkeit des Mittels erklärt. Es liegt, um statt des allgemeinen einen besonderen Ausdruck zu gebrauchen, kein Grund vor, vom Wasser als Absatzmittel für die gröberen, deutlich geschichteten Ablagerungen zum Wind für die feineren undeutlich oder nicht geschichteten überzugehen. Darauf, daß auch ungeschichtete Bildungen als Flußabsatz entstehen können, hat WAHNSCHAFFE für den Elbschlick hingewiesen.[1]) Auf Windabsatz wollte SCHUMACHER früher die lothringischen Lehme zurückführen.[2]) Die Schotter und die sandigen Lehme auf der Höhe von Mercy sind zweifellos Flußabsätze; da die reinen Lehme allmählich aus den sandigen hervorgehen, so liegt keine Veranlassung vor, diesen nicht den gleichen Ursprung zuzuweisen. Die Tragfähigkeit des Wassers hatte weiter abgenommen und brachte nur noch feine Bestandteile zum Absatz. Dabei darf man nicht übersehen, daß die verschiedene Tragfähigkeit, die sich in einem bestimmten Teilgebiet in aufeinander folgenden Zeiten kundtut, in verschiedenen Gebietsteilen gleichzeitig stattgefunden haben kann. Im Oberlauf der Flüsse können Schotter, im Unterlauf Löß oder Lehm abgesetzt worden sein. Daher rühren die Unterschiede in der Auffassung der Terrassen, die bald als eiszeitlich, bald als zwischeneiszeitlich gedeutet werden. Zum anderen, wesentlicheren Teil beruhen sie auf verschiedener Ansicht über die Beziehungen der Endmoränen zu den Schotterstufen.

Gegen die längere Zeit herrschende, besonders von DUPAQUIER und STEINMANN vertretene Ansicht, daß die Schotterstufen von den äußersten Endmoränen abgewaschen, mit anderen Worten, durch Verschwemmung der Gesteine der Endmoränen entstanden, also gleichalterig mit diesen seien, hat sich SCHUMACHER in 1891 ausgesprochen.[3]) Ich schloß mich

---

[1]) Die Quartärbildungen der Umgegend von Magdeburg mit besonderer Berücksichtigung der Börde. — Abhdl. Geolog. Spezialk. Preußen, Bd. 7, H. 1, Berlin 1885, S. 73.

[2]) Die Bildung und der Aufbau des oberrheinischen Tieflandes. — Mitteil. Geolog. L. A. Els.-Lothr. 1890, Bd. 2, S. 340.

[3]) Aufnahmebericht für 1891. — Ebenda, Bd. 3, S. XXIV und XXXII.

ihm auf Grund eigener Beobachtungen an und verteidigte den Standpunkt, daß die Aufschüttung der Schotterstufe dem Absatz der Moränen vorausgegangen, auf einem Ausflug mit mehreren Fachgenossen, darunter Professor O. TORELL-Stockholm, in das Glazialgebiet bei Wesserling in den südlichen Vogesen. Ich stand allein mit meiner Anschauung. Es wurde mir sogar von einem der Teilnehmer entgegengehalten, ich kenne die Arbeit des Gletschers schlecht, wenn ich annehme, daß er sich auf die Terrassen hinaufschiebe; der Gletscher kolke vielmehr alles aus, was ihm im Wege stehe, d. h. er schaffe sich alle Hindernisse aus dem Wege. Trotzdem war ich überzeugt, daß mir die Zukunft Recht bringen werde, und heute ist wohl auch der letzte Gegner dieser Ansicht verstummt. Der Gletscher ist kein Alleszermalmer und übt Gewalt nur, wo es nicht anders geht, schiebt sich aber auch oft ohne starke Beeinflussung seines Untergrundes auf diesen auf. Die Aufschlüsse, die SCHUMACHER und mich zu unserer Auffassung geführt, lagen zwischen Wesserling und Mollau und zeigten deutlich die Auflagerung der ungeschichteten Moräne auf den geschichteten Schottern. „Nach den Erscheinungsformen konnte ich zu keiner anderen Auffassung gelangen, maßgebend war mir auch, daß die 2. und die 3. Moräne nicht einmal die Lücken zwischen den vorhergehenden auszufüllen imstande waren, während die vordere, die zudem bei Wesserling die schwächere ist, die Gerölle zu der ausgedehnten Terrasse nicht nur des Tales, sondern auch der Ebene, in unserem Falle die Terrasse des Ochsenfeldes geliefert haben sollte.“ [1]) Meiner Ansicht nach hat die Aufschüttung der Schotterstufen der Vogesentäler und des Rheintales in den Zwischeneiszeiten begonnen und als Vorschüttungsschotter in die Eiszeiten hinein fortgesetzt, solange der Gletscher mit freier Stirn, der überall die Schmelzwasser entströmen und Kiese und Sande verfrachten konnten, sich vorwärts bewegte. Die Ausbildung einer Endmoräne verhinderte die Aufschüttung vor ihrem Rande, nur an Durchbruchsstellen konnten Schotter zutal geführt werden.

Fälle von Übergreifen der Moränen auf Schotter- oder Sandstufen sind inzwischen so häufig bekannt geworden, daß ich mir es ersparen kann, Beispiele anzuführen. In Norddeutschland greift der Geschiebemergel über die Vorschüttungssande hinweg, während für die „Sander“ dieselbe Entstehungsweise angenommen wird, die man früher der Bildung der Schotterstufen vor der Endmoräne der Alpen sowie der Vogesen und des Schwarzwaldes zugrunde legte. Die Wasser, die dem

[1]) Frühjahrsversammlung der Philomath. Ges. in Mülhausen i. Els. im Mai 1904. — Mitteil. Philomath. Ges. Els.-Lothr., Straßburg 1904, Bd. 3, Jahrg. 12, S. 134.

Rande des Eises mit Kies, Sand und Ton beladen entströmten, erzeugten nach dieser Auffassung eine Kies- und Sandablagerung, welche in nächster Nähe der Endmoräne beginnt und mit ziemlich gleichmäßigem und schwachem Gefälle sich bis zur nächsten Talsohle erstreckt. Die tonige Trübe wird in größere Entfernung getragen. „Nur dort, wo die Schmelzwasser des Eisrandes durch die tief eingeschnittenen Abzugskanäle der Rinnenseen einen Abfluß fanden, kann die Sandbildung zum Teil fehlen oder nur undeutlich entwickelt sein.“ [1]) Ich muß gestehen, daß mir die zeichnerischen Darstellungen der „Sander“ manchmal den Eindruck erwecken, als seien diese älter als die Endmoränen und als seien letztere über dem Sander abgesetzt worden. Besonders scheint mir dies für die sehr flachen Sander der Fall zu sein, welche sich auf Blatt Wolmirstedt [2]) nördlich von Meseberg längs der Straße nach Born und nödlich von Samswegen bis zu der Endmoräne Kolbitz-Calvörde ausdehnen. Genauer will ich auf die nicht ganz einfachen Verhältnisse hier nicht eingehen und nur darauf hinweisen, daß ich in der Ansicht, die ich mir nach der geologischen Karte gebildet hatte, durch eine Ortsbesichtigung bestärkt wurde.

Schon im Jahre 1892 habe ich mich von der Suess'schen Horstlehre abgewandt [3]), indem ich die mittelrheinischen Gebirge als Teile von zwei quer über das Rheintal streichenden Gewölben ansah, die herausgehoben, nicht stehengeblieben waren. Es war die notwendige Folge dieser Auffassung, daß ich später annahm, daß auch die angrenzenden Tafelländer mitgehoben und mitgefaltet wurden. [4]) Weitgreifende (epirogenetische) Bewegungen und solche von beschränkterem Umfang (orogenetische), welch letztere Mulden und Sättel schufen, griffen ineinander. Diese Ansicht beeinflußte natürlich meine Auffassung über die Entstehung des Wechsels der Auffüllungen und Auswaschungen im Diluvium. Die bedeutende Ausbreitung der jüngeren Diluvialschotter brachte ich, wie früher schon Lyell [5]), mit Zeiten in

---

1) Wahnschaffe-Schucht, Geologie und Oberflächengestaltung des norddeutschen Flachlandes. Stuttgart 1921, S. 188.

2) Geologisch aufgenommen und erläutert von Fritz Wiegers, Berlin 1920.

3) Ausflug der D. Geolog. Ges. nach Buchsweiler i. Unterelsaß am 14. August 1892. — Z. D. G. G. Bd. 44, 577. — Vergl. auch L. van Werveke, Zusammenhang von Falten und Spalten. Einfallen der Rheintalspalten. Mitteil. Geolog. L. A. Els.-Lothr. Bd. 10, H. 2, 1916, 101—114.

4) Die Trierer Bucht und die Horsttheorie. Ber. Versamml. Niederrhein. Geolog. Verein 1910. Versammlung in Trier D. 16.

5) Lyell, Antiquity of man.

Zusammenhang, in denen durch eine Senkung großer Gebiete eine Verringerung des Gefälles der Flüsse stattfand, die Zeiten der Auswaschung mit Heraushebungen, weche eine Verstärkung des Gefälles zur Folge haben mußten.[1]) Die weitgreifen n und weiträumigen Bewegungen sehe ich demnach als bald senkende, bald hebende, mithin als pendelnde an. Zu der gleichen Auffassung ist auch SOKOL gekommen.[2]) Noch mehr als für die Schotter muß für die sandigen und reinen Lehme, soweit tektonische Bewegungen allein in Frage kommen, eine Verringerung des Gefälles durch stärkere Senkung im Absatzgebiet angenommen werden. Indem ich gleichzeitige tektonische Bewegungen zur Erklärung der diluvialen Erscheinungen herangezogen habe, befolgte ich den Weg, den ich schon seit 1892 für die mesozoischen Schichten eingeschlagen habe.[3])

Wenn ich Stauungen für die Mosel und ihre Zuflüsse annehme, so muß dies auch für den Rhein geschehen. Sie reichten stellenweise weit bis in die Nebentäler hinein. Dementsprechend schreibe ich auch dem Löß[4]) vorwiegend wäßrige Entstehung zu. „Die Hauptmasse des Lößes zeigt zu deutliche Merkmale von Schwemmung, als daß man sich dieser Ansicht (d. i. der Windlehre) anschließen müßte, dagegen ist es möglich und sogar sehr wahrscheinlich, daß der Löß nach seinem Absatz aus Wasser vielfach verweht wurde.“[5]) Über den Sanden der Hochterrasse (Hangenbieten) wie über den Sanden der Niederterrasse (Lingolsheim) setzt der Löß mit deutlich geschichteten Massen, den Sandlößen[6]), ein, die neben Landschnecken auch Süßwasserschnecken

---

[1]) Die Entstehung des Rheintales. — Mitteil. Philomath. Ges., Straßburg 1897, 5. Jahrg., H. 2, S. 53.

[2]) R. SOKOL, Die Flußterrassen. Geolog. Rundschau, Bd. 12, 1921, S. 217.

[3]) Vgl. S. 9,[3]), S. 589; S. 9,[4]), S. 30 und den Aufsatz S. 3,[1]).

[4]) Ich betone, daß ich als Löß nur kalkhaltige Gebilde vom Aussehen des rheinischen Lößes, für welchen die Bezeichnung zuerst gebraucht wurde, anerkenne, als Lößlehme nur solche Lehme, die nachweislich aus Löß hervorgegangen sind.

[5]) L. VAN WERVEKE, Bericht über eine Besichtigung der Sammlung der Geologischen Landesanstalt in Straßburg. — Mitteil. Philomath. Ges., Straßburg 1893, Bd. 1, Jahrg. 1, 28.

[7]) Den älteren Sandlöß bei Hangenbieten habe ich in 1893 erkannt. (Stellung der die beiden Lößformationen des Rheintales trennenden Schotter und Nachweis von älterem Sandlöß und älterem Löß bei Hangenbieten. Z. D. G. G. Bd. 45, 549—553.) Es ist nicht richtig, wenn WAHNSCHAFFE-SCHUCHT sagen, daß der Sandlöß am Oberrhein (zwischen Bingen und Basel) die ältere Lößformation bildet (S. 9,[1]), 242), denn Sandlöß kommt sowohl in der älteren wie in der jüngeren Lößformation vor. Mit diesem Irrtum hängt wohl die Angabe auf S. 253 zusammen, daß am Niederrhein eine dem Sandlöß am Oberrhein entsprechende

führen. Der Sandgehalt verliert sich meist nach oben — in der Freiburger Bucht hat der Rhein auch in hohen Lagen seinen Sand zwischen den feinen Löß geschwemmt[1]) — zugleich wird die Schichtung undeutlich, verschwindet aber nicht ganz, denn beim reinen Löß ist sie immer noch durch eine wagerecht verlaufende leichtere Trennbarkeit angedeutet. Ebenso schildert STEINMANN die Erscheinung für das badische Oberland, obgleich für ihn der Löß durch Wind abgesetzt wurde: „Die Schotter werden gegen oben zu feiner, sandiger, Lößmaterial mischt sich ihnen anfänglich in geringeren, höher aber in beträchtlichen Mengen bei und über einer derartigen Zwischenzone folgt dann reiner Löß, in seinen tiefsten Lagen noch Schichtung zeigend und schneckenführend, in den oberen ungeschichtet und fossilleer".[2]) Nach E. ZIMMERMANN II tritt am Niederrhein im jüngeren Löß insofern eine Gliederung hervor, „als sich in den unteren Lagen eine Schichtung bemerkbar macht, die allmählich verschwindet und ohne Einschaltung einer Lehmdecke in den auflagernden, ungeschichteten Löß übergeht".[3]) Aus den zwischenliegenden Gebieten sei nur erwähnt, daß THÜRACH in der Pfalz und CHELIUS in Hessen einen oberen und einen unteren Sandlöß unterscheiden.[4]) Die Einschaltung von Sand und Sandlöß zwischen Schotter und reinen Löß ist im Rheintal so bezeichnend, daß man dort, wo sie fehlt, auf ungleichförmige Auflagerung des Lößes auf die Schotter schließen darf.[5])

Deutliche Schichtung im Löß durch feine Sandstreifen hat WAHNSCHAFFE unmittelbar südlich von Ebendorf (NW von Magdeburg) den Teilnehmern an dem Ausflug der Deutschen Geologischen Landes-

---

Bildung nicht vorhanden ist. Für den Sandlöß der Schiltigheimer Terrasse bei Straßburg ist tatsächlich am Niederrhein eine Vertretung im Sandlöß der Brühler Stufe vorhanden.

[1]) Querschnitt V, 4 auf Taf. I, Mitteil. Bad. Geolog. L. A. Bd. 3, H. 1, 1893. Nach STEINMANN. Hier im oberen Teil des Mittelrheintales war die Tragfähigkeit des Rheins noch größer als weiter unten. Der Querschnitt zeigt zugleich, daß seit der Ablagerung des jüngeren Lößes ganz bedeutende Auswaschungen stattgefunden haben müssen.

[2]) Über die Gliederung des Pleistocäns im badischen Oberlande. — Mitteil. Bad. Geolog. L. A. Bd. 3, Heidelberg 1897, 771.

[3]) Löß und Decksand am Südrande der Niederrheinischen Bucht. Jahrb. Preuß. Geolog. L. A. für 1918, Bd. 39, T. 1, H. 2, 166.

[4]) THÜRACH, Die Quartärgebilde in der Rheinebene der Pfalz. — Ber. 27. Versammlung Oberrhein. Geolog. Ver. Landau 1894, 66.

[5]) L. VAN WERVEKE, Die Mittelterrasse der Gegend von Freiburg i. Breisgau. Löß auf der Niederterrasse. Mitteil. Geolog. L. A. Els.-Lothr. 1909, Bd. 7, H. 2, Anm. S. 145. Vgl. auch S. 5,[1]), S. 149.

anstalten am 28. September 1908 vorgezeigt. Mir war es unverständlich, wie Wahnschaffe von seiner früheren Vorstellung der wäßrigen Entstehung des Lößes [1]) zur Windlehre übergehen gekonnt, und ich habe dies auch ausgesprochen. Herrn Präsidenten Beyschlag fiel der Ton des Bedauerns auf, mit dem ich es tat. Das Liegende des geschichteten Lößes besteht in diesem Aufschluß aus Sand, tiefer aus Schotter, der vorwiegend aus südlichen, weniger aus nördlichen Geröllen zusammengesetzt ist. [2]) NO von Ebendorf, an der Straße nach Barleben, hat Wahnschaffe durch 4 Sandstreifen deutlich geschichteten Löß über mitteloligocänem Grünsand beobachtet. [3]) In demselben Aufsatz führt er geschichteten Löß von Schnarsleben westlich von Magdeburg an. Aus Sachsen erwähnt Jentzsch [4]) geschichteten Löß von Meißa bei Meißen und von Brießnitz, und nach Dathe [5]) besitzen die unteren Lagen des Lößes, wo sie auf Schottern aufliegen, eine feine Schichtung.

An der 1893 ausgesprochenen Auffassung (S. 10, [5])), daß der Löß, ursprünglich wäßriger Entstehung, später vielfach verweht sein könne, habe ich bis heute unentwegt festgehalten, auch, wie schon erwähnt, bei dem gemeinschaftlichen Ausflug in den Löß der Magdeburger Börde. Bei Magdeburg soll der Löß, aus welchem die ebene Stufe besteht, die man von der Wilhelmstadt auf der Straße nach Diesdorf und Olvenstedt überschreitet, „dejektiv", d. i. „von dem höher gelegenen primären Löß der Magdeburger Börde erst in späterer Zeit allmählich herabgeführt worden" sein [2]). Mit dem ganz überflüssigen Fremdwort „dejektiv" wurde alles für den Glaubenssatz der Windlehre Unbequeme beiseite geschoben, mochte es sich um deutlich geschichteten Löß auf Schotterstufen — diesen bezeichnete man auch als „unrein" — (S. 11 [4])) oder um Löß an Gehängen handeln, der während seines Absatzes am Gehänge von diesem her durch Schutt verunreinigt wurde, ohne aber selbst von diesem oder von höherem Gelände zu stammen, also kein

---

[1]) Auch Klockmann (Der geologische Aufbau des sog. Magdeburger Uferrandes mit besonderer Berücksichtigung der auftretenden Eruptivgesteine. Jahrb. Preuß. G. L. A. für 1890) nimmt Entstehung aus Gletscherschlamm und Absatz aus gestautem Wasser an, verlegt aber dieselbe in den Zeitraum zwischen der größten Ausdehnung der letzten Eisbedeckung und ihrem völligen Verschwinden aus Norddeutschland.

[2]) Über eine Exkursion bei Magdeburg. Jahrb. Preuß. Geolog. L. A. für 1909, Bd. 30, T. 2, H. 1, 44—46.

[3]) Vergl. S. 7 [1]), Zeichnung auf S. 40.

[4]) Umgegend von Dresden, S. 4.

[5]) Erläuterungen zu Blatt Waldheim der geologischen Karte von Sachsen, S. 110.

Gehängelöß war. Derartigen, bei seinem ursprünglichen Absatz vom Gehänge her verunreinigten Löß beschrieb BR. FÖRSTER[1]) aus dem Gebiet des Blattes Altkirch (Oberelsaß) von den steilen Melanienkalkhängen von Tagolsheim-Illfurt bis zum Schloßwald: „Von der Talsohle (260 m) bis zu einer Höhe von 320 m findet sich hier eine undeutlich horizontal geschichtete Ablagerung von festgepacktem Melanienkalkschutt mit nur sehr wenig Lößmaterial dazwischen; der Schutt besteht aus lauter eckigen Gesteinsstückchen von Haselnuß- bis Faustgröße, hie und da sind größere, ebenfalls eckige Melanienkalkblöcke beigemengt. Bei Illfurt, in der Höhe von 280 m, an dem Wege zur Muttergotteskapelle auf dem Britzgy-Berg, geht diese Ablagerung in deutlich horizontal geschichteten jüngeren Löß über, der mit einzelnen Streifen von Melanienkalkgrus durchzogen ist; der Löß enthält Helix sericea Müll., Succinea oblonga Drap., Pupa muscorum L. und Clausilia parvula Studer." Im kleinen haben wir hier die Erscheinung, die VON RICHTHOFEN im großen als Schuttlager im Löß am Rande einer Beckenausfüllung abgebildet hat.[2]) Hätte VON RICHTHOFEN dartun wollen, daß es sich beim chinesischen Löß um eine deutlich geschichtete Ablagerung handelt, so hätte er wohl kaum eine mehr überzeugende Darstellung bringen können. In gleichem Sinne wirken die Abbildungen 6 auf S. 68 und 13 auf S. 117. Derartig ursprünglicher, nicht „dejektiver Löß" ist der an Hängen älteren Diluviums angelagerte Löß in den Querschnitten I, 1 und I, 5 über die Gliederung der Lößbildungen in Hessen.[3]) Wo lag der Löß, der durch seine Verschwemmung den „unreinen" Löß der Hochterrasse geliefert hat? Warum ist der „unreine" Löß der Niederterrasse, der kalkreich ist wie der höhere Löß, nicht vorwiegend lehmig entwickelt, da zur Zeit seiner Ablagerung der ältere Löß großenteils verlehmt war? Beide Vorgänge der Umschwemmung haben nicht stattgefunden, der vermeintliche „unreine" oder „dejektive" Löß auf der Hochterrasse sowohl als auch auf der Niederterrasse sowie der am Gehänge sind im Mittelrheintal ursprüngliche, auf den Rhein zurückzuführende Gebilde. Letzterer ist eine durchaus andere Ablagerung als die auch heute noch vor sich gehenden Umschwemmungen an den Lößhängen. Dieser abgeschwemmte Löß sammelt sich am Fuß der Hänge als schmale Stufe oder als flacher

[1]) Aufnahmebericht für 1897. Mitteil. Geolog. L. A. Els.-Lothr. Bd. 4, H. 5 S. CXXVIII.

[2]) China, Bd. 1, S. 62, Zeichn. 3.

[3]) CHELIUS, C., Bericht Diluvialexk. in Hessen bei Groß-Umstadt und Griesheim-Pfungstadt am 8. und 9. April 1892. — Mitteil. Bad. Geolog. L. A., Bd. 3, H. 1, 1893, Taf. I.

Schuttkegel am Ausgang von Tälchen an, breitet sich aber nicht, wie bei Wilhelmstadt, auf 4 km Breite tischeben aus, besonders nicht, wenn, wie im vorliegenden Falle, die höhere Lößstufe die tiefere nur um 12—15 m überragt. Im August 1923 hatte ich Gelegenheit, den Löß der tieferen Stufe neben der Färberei Leis gegenüber dem Westfriedhof in einem großen Haufen als Aushub einer größeren Baugrube zu sehen. Er war lichtgelblich, kalkreich und von zahlreichen Röhrchen durchzogen, frei von Schnecken, ein unbedingt reiner, ursprünglicher, kein „dejektiver", „unreiner" Löß.

Die tiefere, ebene Stufe bei Wilhelmstadt entspricht der Schiltigheimer Stufe bei Straßburg i. Els., die höhere Olvenstedter und Diesdorfer Stufe der westlich von der ersteren sich erhebenden Stufe von Hausbergen. Der Löß der Schiltigheimer Stufe liegt auf der jüngsten diluvialen Schotterstufe des Mittelrheintales, der Niederterrasse der schweizerischen Geologen. Demgemäß sprach ich mich bei der erwähnten gemeinsamen Besichtigung mündlich und bald nachher auch schriftlich dahin aus, daß auch der norddeutsche jüngere Löß auf der jüngsten diluvialen Schotterstufe aufruht.[1])

Die Stufe setzt sich gegen N westlich der Straße nach Wolmirstedt bis nördlich von Barleben fort (nach den Aufnahmen von FR. WIEGERS auf Blatt Wolmirstedt); ihr äußerer Rand wendet sich dann gegen WNW, nördlich von Gr. Ammensleben mehr gegen W über Glust und Hundisburg nach Dörnstedt und Alvensleben. Von Barleben bis Gr. Ammensleben ist sie vom oberen Talsand der Ohre unterlagert. Nach WIEGERS ist dieser Löß von derselben Mächtigkeit, Beschaffenheit und Reinheit wie der Löß der Hochfläche, und an seiner ursprünglichen Lagerung auf dem Talsande ist nicht zu zweifeln.[2]) So sehr dies meiner Auffassung entspricht, möchte ich es dennoch nicht unterlassen, auf eine Schwierigkeit hinzuweisen, welche sich aus der Darstellung auf Blatt Wolmirstedt ergibt. Der Talsand ist in zwei Stufen zerlegt, in eine höhere, bis + 52 m ansteigende, und in eine tiefere, welche bis + 45 m reicht. Erstere ist bei weitem die ausgedehntere und trägt die Hauptmasse des Lößes, letztere begleitet streckenweise die erstere im Ohretale und legt sich im Elbetal unmittelbar vor die höhere Stufe, die von ihr rechtwinklig abgeschnitten ist. Der Löß soll von der höheren auf die niedere Stufe übergreifen. Diese ist entschieden in einer Aus-

[1]) Auf den Spuren des Diluvialmenschen im Rheintal. Schutz dem fossilen Menschen. Straßburger Post, 1909, 2. Mai Nr. 468. — Mitteil. Philomath. Ges. 1909, Bd. 4, Jahrg. 17, 178.

[2]) Blatt Neuhaldensleben, aufgenommen und erläutert von FRITZ WIEGERS. Berlin.

waschungsrinne der höheren abgesetzt. Der Abfall der oberen zur unteren Stufe ist von Elbeu bis mittwegs Barleben sehr deutlich ausgeprägt, setzt sich aber auch in das Lößgebiet bis zur Straße von Barleben nach Ebendorf fort. Mir ist es wahrscheinlich, daß der Streifen von Löß zwischen diesem Abfall und der Straße nach Elbeu nicht ursprünglich auf der unteren Stufe liegt, sondern als ein von der höheren Stufe abgeschwemmter Löß aufzufassen ist, liegt er doch auch nur dort, wo er wirklich abgeschwemmt sein kann. Es würde ihm dieselbe Lage zukommen, wie den „Abrutsch- und Abschlämm-Massen“ am Ostfuß des Geschiebemergels nördlich von Wolmirstedt. Dann ist es mir aber auch wahrscheinlich, daß die tiefere Stufe der Talsande nicht mehr zum Diluvium, sondern zum Alluvium zu stellen ist.[1])

Die tiefere Lößstufe ist sehr eben, die Mächtigkeit des Lößes eine außerordentlich gleichbleibende — woraus WAHNSCHAFFE früher einen Beweis für die wäßrige Entstehung des Lößes ableitete — (S. 7 [1]), 74), die Unterlage muß also gleichfalls eben sein. Das beruht darauf, daß der Löß auf eben abgesetzter Schotterstufe abgelagert wurde oder, wo diese fehlt, auf einer eben abgetragenen früheren Oberfläche. Auf Abtragung beruht aber auch die ebene Oberfläche des Lößes, sie ist keine ursprüngliche. Die Abtragung erfolgte durch die Elbe, welche, wenn sie im allgemeinen abtragend wirkte, stellenweise auch aufschüttete, wie das Vorkommen von Elbgeröllen (Milchquarzen, Kieselschiefern) dartut, besonders westlich der Neuen Neustadt und in der Gegend von Barleben und Ebendorf (S. 7 [1]), 75). Es liegt eine den Schotterlehmen des Niederrheins vergleichbare Bildung vor.[2]) Daß sie hier auffälliger entwickelt ist, hängt wohl mit Senkungsvorgängen am Niederrhein zusammen. Wenn ich nicht irre, hat SCHUMACHER Anhaltspunkte für die gleiche, aber wenig ausgeprägte Erscheinung westlich von Straßburg beobachtet. Angaben werden sich wohl in den sehr ausführlichen Erläuterungen zu Blatt Geispolsheim der Geologischen Karte von Elsaß-Lothringen finden, deren Urschrift in den Akten der Geologischen Landesanstalt in Straßburg ruht. Schöne Beispiele für die Entstehung ebener Stufen durch Auswaschung bieten die Stufen, in welche die Niederterrasse unterhalb Basel aufgelöst ist (S. 5 [2])).

Zu derselben Auffassung wie über den Löß der unteren Stufe bei Magdeburg bekannte ich mich in 1909 für den jüngeren Löß am

---

[1]) Wie mir Herr Dr. WIEGERS in einem Brief vom 16. Dezember 1923 mitteilte, ist er mit dieser Auffassung einverstanden. (Nachträgliche Anmerkung.)

[2]) WUNSTORF, Über Löß und Schotterlehm im Niederrheinischen Tiefland. Verhdl. Naturh. Ver. Rheinl. u. Westfalen, 1912, 293–340.

Niederrhein, besonders im Gebiet des Blattes Brühl, den ich, ebenfalls auf gemeinschaftlichen Ausflügen [1]), im Jahre 1907 kennengelernt hatte. Die Stufe von Brühl stellte ich in gleiche Höhe mit der von Schiltigheim und mit der Niederterrasse bei Basel und hob hervor, daß die Stufe, welche am Niederrhein als Niederterrasse bezeichnet wird, nicht der Niederterrasse der schweizerischen Geologen, sondern der Alluvialfläche bei Straßburg entspricht (S. 11,[5]), 137). Hierzu bemerkte 1912 Wunstorf: „Sollte sich hierbei die Möglichkeit ergeben, daß die Niederterrasse in das Postglazial zu stellen ist, so würde sich ein Ausblick auf weitgehende Übereinstimmung der Auffassung über das Diluvium Norddeutschlands und des Niederrheins eröffnen, und zwar nicht nur in Hinblick auf das Alter des Lößes, sondern auch auf die Zahl der Eiszeiten und der ihnen entsprechenden Terrassen" (S. 15,[2])). Keilhack (1915) hält die von mir vorgenommene Gleichstellung für möglich [2]), und E. Zimmermann II hat 1918 die niederrheinische Niederterrasse zum Alluvium gestellt, was auch aus den von ihm in derselben gefundenen Schneckenarten, die keine wesentlichen Unterschiede von den heutigen aufweisen, hervorgeht. Den jüngeren Löß sieht er für jungglazial an (S. 11,[3]), 168 und 171), wie jetzt wohl die Mehrzahl der Forscher.[3])

Meiner Ansicht nach, die Vorgänger in den Äußerungen von Agassiz, Collomb, Geikie, Lyell und Suess hat, sind sowohl der ältere als auch der jüngere Löß des Rheintales das Ergebnis der Zerreibung und Auswaschung der kalkreichen Grundmoränen der alpinen Gletscher. Sie sind der Hauptmasse nach während des Vorrückens der Gletscher durch den Rhein in mehr oder minder gestautem Wasser niedergeschlagen worden (S. 14,[1]), 177, S. 5,[1]), 146). In den Grundmoränen des Bodenseegebietes kann man geröllfreie Stücke von kalkreichem Geschiebemergel sammeln, die von Löß dem Aussehen nach nicht zu unterscheiden sind. Dieser kann also recht wohl durch seine Verschwemmung den Löß geliefert haben.[4]) Als die Stauung der Wasser aufhörte und Aus-

---

[1]) Bericht von Wahnschaffe im Jahrb. Preuß. G. L. A. für 1907, 402—506.

[2]) Das glaziale Diluvium der mittleren Niederlande. Jahrb. Preuß. G. L. A. für 1915, Bd. 36, T. 1, H. 3, 492.

[3]) Wahnschaffe-Schucht, S. 251—252. Vergl. auch Gagel, Probleme der Diluvialgeologie. Brancas Festschrift 1914, 147 u. 149.

[4]) Wenn Charpentier den Löß auf eine Zerstörung der Molasse zurückführt (Essai sur les glaciers et sur le terrain erratique du Rhône, Lausanne 1841), so ist das nicht ganz ohne Berechtigung, denn entschieden sind große Mengen der schweizerischen Molasse von den Gletschern aufgenommen und vermahlen worden.

waschung einsetzte, wurde der Löß trocken gelegt. Auf ihm entwickelte sich wohl zuerst eine Tundra oder Moossteppe, dann eine Graslandschaft, später, bei allmählicher Verlehmung der Oberfläche, eine Waldlandschaft. In einem so lockeren Boden, wie dem Löß, senken sich die feinsten Wurzelfasern der Bäume und anderer Pflanzen sehr tief ein, und die Wurzelröhrchen, die auf Steppengräser aus der Zeit der Entstehung des Lößes hinweisen sollen, können sehr wohl jüngeren Alters sein. Sie finden sich ebenso in dem sicher in Wasser abgesetzten Sandlöß wie im echten, angeblich durch Winde angewehten Löß.[1]) Auch BROCKMANN-JEROSCH scheint sich in diesem Sinne ausgesprochen zu haben.[2]) LANG hat bis auf 2 m Tiefe noch lebende Wurzelschößlinge gefunden, welche oben wachsende niedrige Kräuter hinabsandten.[3]) Ehe die Verlehmung begann und dadurch die Bodendecke sich befestigte, konnte der feinstaubige Löß vielfach verblasen werden, und hochgelegene Vorkommen bedürfen wohl dieser Annahme für ihre Erklärung. Daß die Windlehre im Mittelrheintale besonders dort festen Fuß fassen konnte, wo die diluvialen Sande, zumeist wohl in neuerer Zeit, zu Dünen verweht sind, ist eine begreifliche Erscheinung.

Nicht in Einklang mit den gegebenen Verhältnissen scheint mir folgende Angabe von WAHNSCHAFFE-SCHUCHT auf S. 244 zu stehen: „Schon während des Lößabsatzes siedelte sich in der Steppe eine üppige Vegetation von Steppengräsern an. Die Wurzelrückstände der Gräser gaben Veranlassung zu den kleinen Kalkröhrchen, die beim Abschwemmen des Lößes zurückbleiben. Die sich selbst überlassene, alljährlich absterbende Grasvegetation verursachte eine Anreicherung des Humusgehaltes in der Oberkrume. Hinsichtlich der Entstehung dieser Humusschicht ist hier eine Trockenhumusbildung unter einem kalten, trockenen Steppenklima anzunehmen.“ Es bildete sich Schwarzerde. Darnach müßte sich während der ganzen Zeit des Lößabsatzes Schwarzerde entwickelt haben, wir dürften also keinen lichtgelblichen Löß vorfinden, sondern einen mehr oder weniger dunkel gefärbten. Die Dunkelfärbung durchzieht aber nicht den ganzen Löß, sondern nur wenige Lagen im

[1]) SCHUMACHER, Erläut. z. geolog. Karte der Umgegend von Straßburg 1 : 25 000. Straßburg 1883. S. 40.

[2]) Über das Alter des schweizerischen diluvialen Lößes. Vierteljahresschrift Naturw. Ges. Zürich, Jahrg. 54, 1885. Nach einer Bemerkung in DAVID GEYER, Die Mollusken des schwäbischen Lößes in Vergangenheit und Gegenwart. Jahresh. Ver. f. vaterländische Naturk. Württemberg, 73. Jahrg. 1917, S. 84 („Nach BROCKMANN-JEROSCH beweist zwar die Röhrchenstruktur nichts für die Vegetation“).

[3]) Über Sedimentärgesteine der Umgegend von Göttingen. Z. D. G. G. 1881, Bd. 33, S. 272 — Vgl. im Nachtrag eine Angabe von Herrn Geheimrat SALOMON.

Löß, welche auf Unterbrechungen im Absatz hindeuten oder nur die heutige oberste Lage. Der Beginn der heute an die Oberfläche tretenden Schwarzerde fällt in die Zeit nach dem Absatz des ganzen Lößes und hat auch andere Bodenarten ergriffen. Sie ist keine Eigentümlichkeit des Lößes.

Mit der weit verbreiteten Ansicht, daß der Löß durch Winde aus der freigelegten, vom Gletscher verlassenen Grundmoräne ausgeblasen sein soll, konnte und kann ich mich nicht befreunden. Besonders war das der Fall, als man auch den Löß des Mittelrheintales auf die norddeutschen Grundmoränen zurückführen wollte. Dagegen sprechen chemische Gesichtspunkte. Der Löß Norddeutschlands scheint nämlich wesentlich kalkärmer zu sein als der mittelrheinische. Nach einer Zusammenstellung, welche W. Meigen und H. G. Schering[1]) gegeben haben, und zwei Analysen, welche sie hinzugefügt, schwankte der Kalkgehalt ($CaCO_3$) des Lößes im Mittelrheintal (Wasenweiler a. Kaiserstuhl, Ringsheim, 13 km SSW von Lahr, Höhnheim bei Straßburg, Mauer a. d. Elsenz, Haarlaß bei Heidelberg und Umstadt in Hessen) zwischen 21,79 und 31,20 % und beträgt im Mittel 27,64 %. Nach Wahnschaffe-Schucht (S. 239) sind die Grenzzahlen für den Gehalt an $CaCO_3$ im Bördelöß 7,9 und 19,9 %, woraus sich eine Mittelzahl von 13,9 % ergibt, die also rund um die Hälfte niedriger ist als die Zahl für das Mittelrheintal. Das spricht dafür, daß wir die Heimat des Lößes nicht in einer einzigen Quelle zu suchen haben. Aber auch eine bessere Übereinstimmung in der Beschaffenheit wäre kein Grund, dem süd- und dem norddeutschen Löß den gleichen Ursprung zuzuweisen. Denn sowohl die nordischen als auch die alpinen Gletscher haben in ihren Grundmoränen kristalline Gesteine und kalkreiche Schichtgesteine vermahlen, können also das gleiche Gebilde erzeugt haben.

Gutzwiller[2]) nimmt an, daß der Löß aus den Kiesen und Sanden des Rheintales selbst ausgeblasen sei. Die gleiche Ansicht hat Thürach[3]) für den Löß des Kraichgaues ausgesprochen. Gegen die Auswehung von Moränen, aber für diejenigen von Schottern haben sich E. H.

---

[1]) Chemische Untersuchungen über Lehm und Löß aus der oberrheinischen Tiefebene. Mitteil. Bad. Geolog. L. A., Bd. 7, 1914, 646, 651 und 656.

[2]) Der Löß mit besonderer Berücksichtigung seines Vorkommens bei Basel. Wissenschaftliche Beilage zum Bericht der Realschule bei Basel, Basel. — Die Diluvialbildungen der Umgegend von Basel. Verhdl. naturf. Ges. Basel, Bd. 10, 1895, 512.

[3]) Erläuterung zu Blatt Odenheim der Geolog. Karte von Baden 1 : 25000, 1902, S. 6, und Erl. zu den Blättern Karlsruhe u. Daxlanden, 1912, S. 49.

L. KRAUSE [1]) und H. BROCKMANN-JEROSCH [2]) ausgesprochen. KRAUSE sagt: „Der Löß der süddeutschen Hügel wird meist verwehter Schlamm sein, der beim Eintrocknen der sommerlichen Schmelzwässer auf der Oberfläche zurückblieb." „... die älteren Schotter tragen den Löß, welcher aus den jüngeren Schottern auswehte. Wo die Täler breit genug sind, hat der Wind Sand und Löß gesondert, d. h. die leichtesten Teile weiter getragen als die schweren — dem Talwege zunächst blieben nur die Steine." Da der Löß zu beiden Seiten des Tales verbreitet ist, haben im Rheintal wohl Rheinnixen den Staub nach beiden Seiten gleichmäßig verweht! Wie sich KRAUSE die Rheinniederung und das Pflanzen- sowie das Tierleben in ihr zur Zeit der Lößbildung denkt, ist auf S. 787—788 seines Aufsatzes zu ersehen. Aber ebensowenig wie mir die Ausblasung des Lößes aus den Grundmoränen zusagt, kann ich ihre Ausblasung aus Rheinschottern, für die sich DEECKE [3]) ausgesprochen hat, für richtig halten, trotzdem durch die Beobachtungen von R. LAUTERBORN [4]) an Rheinschottern oberhalb des Bodensees, wo denselben noch Gletschertrübe beigemengt ist, die Möglichkeit oberflächlicher Abblasung gegeben ist. Auf die Schotter der Hochterrasse wie der Niederterrasse folgen gleichförmige Sande, Sandlöß und dann erst Löß; die Schotter waren eingedeckt, ehe der echte Löß zum Absatz gelangte. Unverständlich ist, wenn die Wiedergabe von WAHNSCHAFFE-SCHUCHT (S. 16,[3]), 243) richtig ist, wie der Löß der Hochterrasse aus den Schotterfeldern der Niederterrasse ausgeblasen sein soll, denn er ist älter als diese. Gemeint ist vielleicht nur der jüngere Löß, welcher ungleichförmig über den die Hochterrasse überdeckenden Sandlöß und Löß oder unmittelbar auf erstere übergreift. WEISSERMEL [5]) nimmt für Norddeutschland Auswehung der diluvialen Sande an, dementsprechend, daß der Löß beim Rückzug des Eises gebildet wurde. Neuerdings hat sich auch KEILHACK [6]), allerdings nicht ohne Widerspruch, gegen

[1]) Die Vegetationsverhältnisse Mitteleuropas während der palaeolithischen Zeiten. Naturwissenschaftl. Wochenschrift, 1911, 787.

[2]) Die fossilen Pflanzenreste der glazialen Deltas bei Kaltbrunn (St. Gallen) und deren Bedeutung für die Auffassung des Wesens der Eiszeit. Jahrb. Naturw. Ges. St. Gallen für 1908—1909, 1—189. — Das Alter des schweizerischen Lößes. Zeitschr. Naturh. Ges. Zürich, 1909, Bd. 54, 449—462.

[3]) Geologie von Baden, Berlin 1917, Bd. 2, 593.

[4]) Die geographische und biologische Gliederung des Rheinstromes. Sitz.-Ber. Heidelberger Akad. Wiss. Mathem.-naturw. Klasse, 1917, 5.

[5]) Bemerkung gegen den nachfolgenden Aufsatz von KEILHACK. Z. D. G. G. 1920, Bd. 72, B. 163.

[6]) Das Rätsel der Lößbildung. Ebenda, 146—161. Gegenbemerkungen von WEISSERMEL und ZIMMERMANN I, 161—167.

das Ausblasen von Grundmoränen ausgesprochen. Nach W. Koehne[1]) ist der Löß in Oberbayern (insbesondere Inngebiet) zuerst als Gletschertrübe von den Schmelzwässern der Gletscher in einiger Entfernung vom Eisrande, wo das Gefälle der Schotterfelder geringer wurde, stellenweise abgesetzt worden. So oft Niederwasser eintrat, lagen diese Flächen trocken und kahl da, es setzte nun die Verwehung ein. Am wenigsten weit wurde der Sand fortgeführt, höher und weiter der feine Staub: in einem wenige km breiten Streifen Staub von 0,05—0,01 mm, noch weiter hinaus feinerer Staub, in welchem Teilchen von 0,01 mm immer mehr her vortreten. Schumacher (S. 17 [1])) bestimmte für einen echten Löß aus der am Kanal gelegenen Grube des Herrn Rust in Höhnheim, der 1,5 m unter der Oberfläche entnommen worden war, folgende Körnelungsverhältnisse: Körner unter 0,01 mm 20,8 %, von 0,01—0,05 mm 28,5 %, zusammen 49,3 %, von 0,05—0,1 mm 40,4 %, über 0,1 mm 10,2 %, zusammen 50 %. Veränderte Schlämmbedingungen ergaben allerdings wesentlich andere Zahlen, nämlich für die Körner über 0,05 mm 29,5 %, 25,3 % und 3,9 %. Vergleiche sind also mißlich. Meigen und Schering (l. c.) haben die Ergebnisse von 3 Schlämmversuchen an den Lößproben der Freiburger Bucht mitgeteilt. Für die Körner unter 0,01 mm und bis 0,05 mm fanden sie 76,5, 73,4 und 61,7, im Mittel 70,5 %, für die Körner über 0,05 mm 23,5, 26,6 und 38,3, im Mittel 29,5 %.

Die Ablagerung des Lößes im Inngebiet fällt in die Zeit des Vorrückens der Gletscher. Die Ansicht des Herrn Koehne und die meinige stehen sich in bezug auf den Ursprung des Lößstoffes und der Zeit seiner Auswaschung gleich. Herr Koehne weist den Verwehungen der Gletschertrübe eine ausschließliche Rolle für den Absatz des Lößes zu, ich eine untergeordnete, auch scheint er wohl geringere Zeitabstände für die Verwehungen anzunehmen als ich, obgleich aus seinen Angaben nicht sicher zu ersehen ist, auf welche Ursache das Eintreten der Niederwasserstände zurückzuführen ist. Wahrscheinlich wohl, entsprechend der Annahme von Krause, nach den jährlich im Sommer durch stärkeres Abschmelzen verursachten Hochwassern. Verschiedene Absatzbedingungen sind aber durch die wesentlich verschiedene Entfernung der Absatzgebiete von den Gletschern und das verschiedene tektonische Verhalten der letzteren gegeben. Wie die überall nachgewiesenen Sandlöße beweisen, kam die Gletschertrübe im Mittelrheintal in gestautem Wasser zum Absatz.

Wer Auswaschung des Lößes aus den Grundmoränen der vorrückenden alpinen Gletscher annimmt, kann denselben Vorgang nicht

[1]) Alter und Entstehung der Gesteine der Lößgruppe in Oberbayern. Z. D. G. G. 1921, Bd. 73, B. 69—76.

wohl für die nordischen Gletscher zurückweisen. Dann muß auch der Löß Norddeutschlands ursprünglich wäßriger Entstehung sein. In der Nähe der freien Gletscherstirn wurden die größeren, in weiterer Entfernung die feineren Stoffe abgesetzt. Es kann sich nur fragen, ob der Absatz der letzteren auf trocknem Lande, wie KOEHNE für das Inngebiet annimmt, oder in gestautem Wasser erfolgte. Von der Ansicht, die man sich darüber bildet, ist die Zeit abhängig, in welcher mit Verwehung zu rechnen und der Grad, in welchem dieselbe erfolgt ist.

Unterbrechungen im Absatz des Lößes, in denen Verwehungen stattfinden konnten, sind im Mittelrheintal mehrfach vorhanden, vor allem diejenige, welche den älteren und den jüngeren Löß SCHUMACHERS trennt und durch die Hauptherdschicht bei Achenheim gekennzeichnet ist. Im älteren Löß kommen drei untergeordnetere Unterbrechungen vor, die durch Lehmeinschaltungen erkennbar sind [1]) und der Verwitterung und Entkalkung der jeweiligen oberen Lagen des Lößes ihre Entstehung verdanken. Zu den diagenetischen Vorgängen, wie dies ANDRÉE tut, möchte ich diese Umbildung nicht stellen.[2]) Mit einer derselben, die nach der Übersicht von SCHUMACHER dem mittleren älteren Löß angehört und sich durch die Führung von reichlichem „Kalkspatschrot“ und von ungewöhnlich großen Schalen von **Helix** arbustorum auszeichnet, hat sich WENZ [3]) eingehender beschäftigt. Von den gesammelten Schnecken sind 26 Arten Feuchtigkeit liebende Waldbewohner, nur 2 Arten leben auf trockenen, mit Graswuchs bestandenen Hängen. Nur ein lang andauernder Sommer, also milde Witterungsverhältnisse, d. h. für die Schnecken eine lange Fraßzeit, konnte nach WENZ die Entstehung der ungewöhnlich großen Helix arbustorum ermöglichen. Den Kalkspatschrot sieht WENZ nicht als eine in Wasser erfolgte chemische Ausscheidung an [4]), sondern als Kalkkörnchen, die von Anhäufungen herrühren, die sich bei den Arioniden unter der Mantel-

---

[1]) Achenheim als geologisch-praehistorische Station. Tabelle und Profil durch das Diluvium im südwestlichen Teil von Achenheim. „Die Vogesen“, 8. Jahrg. 1914, 124—126. Der Querschnitt ist abgedruckt in: Mitteil. Philomath. Ges. Bd. 5, Straßburg 1915, Taf. I.

[2]) Die Diagenese, ihre Beziehungen zur Sedimentbildung und Sedimentpetrographie. Geolog. Rundschau, 2. Bd. 1911, 61—74 u. 117—130. Vgl. S. 130.

[3]) Über einen abnormen Löß von Achenheim bei Straßburg und seine Fauna. Jahresber. u. Mitteil. Oberrhein. Geolog. Ver. N. F. Bd. 8, 1919, 22, S. 13—17. Der Aufsatz gibt, unter Weglassung der praehistorischen und archaeologischen Funde, die Tabelle von SCHUMACHER (oben Anm. 1) wieder

[4]) Als solche hat sie SCHUMACHER aufgefaßt und sind sie von DEECKE (Geologie von Baden, Bd. 2, 593) angeführt.

schale finden. Die große Menge des Kalkschrotes läßt auf eine reichliche, unter günstigen Bedingungen erfolgte Entwicklung dieser Schneckenfamilie schließen.

In der Schichtenfolge, die ich nach einer mündlichen Mitteilung meines verstorbenen Kollegen Schumacher für die bekannten Gruben von Achenheim gegeben habe (S. 5,[1], 147), sind in den beiden oberen Abteilungen, von denen die oberste sicher dem jüngeren Löß Schumachers entspricht, gebänderte Löße erwähnt. Zeichnerisch dargestellt sind sie in dem oben S. 21 Anm. 1 erwähnten Querschnitt, den Schumacher gelegentlich des Deutschen Geographentages zu Pfingsten 1914 veröffentlicht hat. Der Querschnitt ist das Ergebnis 30jähriger peinlichst sorgfältiger Beobachtungen und läßt die ungewöhnlich großen Schwierigkeiten erkennen, welche, wie ich in dem Aufsatz S. 14,[1] betont habe, mit den Untersuchungen des Diluviums im Mittelrheintal sowie mit der Einordnung der Versteinerungen und menschlichen Reste in die diluviale Schichtenfolge verknüpft sind. Die Trennung in älteren und jüngeren Löß hat Schumacher für die Gruben in Achenheim in 1884 vorgenommen[1]), doch scheint dies vergessen zu sein.[2]) Er hat den Verfärbungszonen, welche die Bänderung bedingen, immer große Beachtung geschenkt, weil er in ihnen den Ausdruck von eiszeitlichen Schwankungen suchte, die in ausgedehnten Glazialgebieten, wie in den Alpen, nicht erkannt werden können, indem ihre Spuren durch den vorrückenden Gletscher vernichtet oder doch verwischt wurden. Die Verfärbungen sind durch beginnende Verlehmung an Oberflächen entstanden. Verwehungen waren bei jeder dieser Schwankungen möglich. Ihrer Zeitdauer nach müssen aber diese Unterbrechungen im Absatz, mit Rücksicht auf die geringere Verlehmung des vorher abgesetzten Lößes, wesentlich hinter dem Zeitabstand zwischen älterem und jüngerem Löß zurückgestanden haben. Von einer derselben, 8 des Querschnittes, gibt Schumacher Steingeräte an. Nach R. R. Schmidt und P. Wernert (S. 6,[2], 340) handelt es sich um Aurignacformen (Willendorfer Stufe Wiegers). Liegen die Funde an Stellen, an denen, was vorkommt, die Lehmbildung ausgekeilt ist, oder ist die Verfärbung undeutlich und diese Erscheinung dem Beobachter nicht genau bekannt, so kann der Eindruck erweckt werden, als gehörten die Funde dem reinen Löß an.

[1]) Die Bildung und der Aufbau des oberrheinischen Tieflandes. Mit 2 Taf. u. 4 Zeichn. In: Topographie der Stadt Straßburg, Straßburg 1889. Vgl. auch Mitteil. Geolog. L. A. Els.-Lothr. 1890, Bd. 2, 281—289, 375.

[2]) So verweist E. Zimmermann II für die Unterscheidung von älterem und jüngerem Löß in dem unter S. 11,[3]) genannten Aufsatz auf eine 9 Jahre jüngere Schrift von Steinmann.

Einen für die Unterbrechungen im jüngeren Löß sehr bemerkenswerten Aufschluß aus dem unteren Teile des Moseltales bei Metternich[1]) gegenüber Moselweiß (westlich von Koblenz) hat WIEGERS in Zeichnung und Schrift geschildert.[2]) Die Lößfolge ist hier in einer Grube mit 6—29 m Mächtigkeit aufgeschlossen. Unter Bimssand und Lehm folgt als Hauptmasse des Aufschlusses:

Hellgraugelber Löß, von 3—4 lichtbraunen Streifen durchzogen, „die auf ihrer Oberfläche von leichten Kies- und Geröllablagerungen, unterhalb von Schichten kleiner Lößkindel begleitet sind". Sie stellen alte Oberflächen aus Zeiten dar, in welchen die Lößbildung unterbrochen war. In dem mittleren Streifen (der Zeichnung) sind geschlagene Steine, echte Magdaleneformen[3]), sowie verschiedene, etwa 4 m breite und 0,15—0,20 m hohe Feuerstellen festgestellt worden.

Im Löß unterhalb der unteren Unterbrechung eine gegen S auskeilende dünne Geröllschicht.

Die unterste Lößschicht liegt teils auf einer gegen N auskeilenden dünnen Geröllschicht, teils auf einem 1½—2 m mächtigen, von Geröll- und Quarzsandlagen durchzogenen, von Grauwacken und Quarzit durchsetzten Löß, der Knochen von Elephas primigenius, Rhinoceros antiquitatis, Cervus elaphus, Bos primigenius und Equus caballus führt.

Diese Schicht liegt an zwei Stellen des Querschnittes ungleichförmig auf einer bis 1 m mächtigen, schwarzbraunen humosen Schicht, welche im südlichen Teil der Grube einen etwa 3 m mächtigen, gelben, blättrig gelagerten Löß mit faustgroßen Lößkindeln überdeckt.

Die Zeichnung erweckt den Eindruck einer in allen ihren Teilen durch Wasser geschichteten Ablagerung. WIEGERS spricht den unteren Löß und die ihn überdeckende humose Schicht als älteren Löß an, den oberen mächtigeren Löß als jüngeren Löß. Die Gerölle und Knochen führende Schicht fällt in die Übergangszeit und wird, wie auch von SCHMIDT und WERNERT, im Alter mit der in Achenheim an der Grenze von älterem und jüngerem Löß liegenden Hauptkulturschicht verglichen. Diesem Vergleich muß ich zustimmen. Für mich unterliegt es keinem

---

[1]) Aus einer Lößgrube bei Metternich erwähnt BROKMEYER den Fund einer Limnaea, ohne die genauere Lage angeben zu können. Möglicherweise handelt es sich um die von WIEGERS geschilderte Grube. — Kritische Betrachtungen über den Löß. Naturw. Wochenschrift, N. F. Bd. 13, 1914, S. 534. Verf. verteidigt die wässrige Entstehung des Lößes.

[2]) Die diluvialen Kulturstätten Norddeutschlands und ihre Beziehungen zum Alter des Löß. Praehistorische Zeitschrift, Berlin 1909, Bd. 1, 36 S. mit 5 Taf. Vgl. S. 16—17 und Taf. III, 8.

[3]) SCHMIDT und WERNERT stellen sie in die obere Aurignacstufe.

Zweifel, daß die Tiere, deren Reste sie umschließt, auf der Oberfläche des älteren verlehmten Lößes gelebt haben, ebenso wie der Mensch bei Metternich auf einer verlehmten Oberfläche während der Zeit des jüngeren Lößes gehaust hat. Diese jüngere Kulturschicht fällt in den Abschnitt der Lößzeit, in welchem durch das Fehlen des Lemmings ein milderes Klima angedeutet ist. Solange die gestauten Rheinwasser den Löß absetzten, mußte der Mensch das Absatzgebiet verlassen; er kehrte beim Nachlaß des Staues zurück. Die Mosel konnte gleichzeitig sich wieder weiter verschieben und Gerölle auf der entstandenen Oberfläche absetzen.

Eine Bänderung, die den Eindruck von Schichtung macht, zeigt auch nach BÄRTLING der Löß am Niederrhein.[1]) Ich sehe in ihr den Ausdruck wirklicher Schichtung.

Die allzuoft dem Löß zugeschriebene Wirbeltierfauna gehört nicht diesem selbst an, sondern lebte auf seiner Oberfläche, was schon SCHUMACHER in 1897 für Achenheim hervorgehoben hat (S. 5,[5]), 106). Ihm ist HAGMANN gefolgt.[2]) In den südrussischen Steppen ist der Löß in seinen oberen Schichten entkalkt und in Schwarzerde umgewandelt. Auf ihr nähren sich die kleine Blindmaus (Spalax typhlus), die Zieselmaus (Spermophilus guttatus), der Bobak (Arctomys bobac), der Hamster (Cricetus frumentarius) und verschiedene Arten von Mäusen. Sie wühlen ihre Behausungen 1—1½ m und sogar noch tiefer unter die Schwarzerde in den Löß.[3]) Bei Aufgrabungen können zwar ihre Reste im Löß vorgefunden werden, vermögen aber über dessen Entstehung nichts auszusagen. Sie beweisen das Vorhandensein eines tiefgründigen lockeren Untergrundes in ihren Verbreitungsgebieten. Noch heute ist der Hamster in vereinzelten Jahren eine große Plage im elsässischen Lößgebiet, nicht aber z. B. im lothringischen Lehmgebiet oder anderen schweren Böden. Nach der Ablagerung der einzelnen Löße herrschten im Rheintale dieselben Verhältnisse wie heute in den südrussischen Steppen. Löß entsteht dort nicht. Der mehrfachen Lehmbildung im Rheingebiet ent-

---

[1]) Geologisches Wanderbuch für den niederrheinisch-westfälischen Industriebezirk, Stuttgart 1913, 373—375.

[2]) Über diluviale Murmeltiere aus dem Rheingebiet und ihre Beziehungen zu den lebenden Murmeltieren Europas. — Abhdl. Geol. Spezialk. Els.-Lothr. 1909, Bd. 6, H. 3. — Vgl. auch E. SCHUMACHER, Bemerkungen über die Fauna des Löß von Achenheim, insbesondere das Lager von Ziesel und Murmeltier. Mitteil. Geol. L. A. Els.-Lothr. 1911, Bd. 7 323—344.

[3]) KOSSOWITSCH, Die Schwarzerde (Tschernosiom). Wien - Berlin - London, Verlag für Fachliteratur, 1912, S. 48 ff.

spricht in letzterem eine wiederholte Schwarzerdebildung mit wiederkehrender Steppenfauna.

Sehr bemerkenswert ist der Aufsatz von A. F. VON STAHL „Zur Frage der Lößbildung“[1]), der für die Löße in Rußland, Persien und (?) China vorwiegend Anschwemmung durch Wasser annimmt[2]), Verwehungen nur in geringem Maße zugibt. Allerdings verlegt er die erstere in eine Regenzeit beim Abschmelzen der Gletscher, während ich den Löß im Anschluß an die Auffassung von ANDREAE[3]) stets für glazial gehalten habe. Der Mensch und die Wirbeltiere lebten in den Zwischeneiszeiten und in der Nacheiszeit auf der verlehmten oder in Verlehmung begriffenen Lößoberfläche, zum Teil in den kürzeren Unterbrechungszeiten während der jüngeren (Würm-)Vergletscherung.

Besondere Vorsicht in der Deutung ist geboten, wo die Reste nicht in einer regelmäßigen Schichtenfolge, sondern in Spaltenausfüllungen gefunden werden. Das Vorkommen von Lemming, Ziesel, Schneehase und Murmeltier in den Klüften des Buntsandsteins von Vöklinshofen im Oberelsaß führt DOEDERLEIN auf Verschleppung durch Raubvögel zurück.[4]) Die Funde von Steppentieren, die NEHRING von Thiede und Westeregeln aus Gipsschloten in mehreren Schriften behandelt hat, konnten nur deshalb eine so große Bedeutung für die Lößfrage gewinnen, weil die geologischen Verhältnisse nicht genügend geklärt waren. Bei Thiede finden sich die Steppentiere nach WIEGERS auf zweiter Lagerstätte im Geschiebemergel, und das gleiche scheint für Westeregeln zu gelten (S. 23,[2]), 26 u. 29). Auch HARBORT sieht das

---

[1]) Z. D. G. G. 1922, Bd. 74, S. 320—325.

[2]) Für wäßrige Entstehung des asiatischen Lößes haben sich auch P. J. ARMASCHEWSKIJ und A. P. PAWLOW ausgesprochen und leugnen völlig die Rolle des Windes, im Gegensatze zu von Richthofen, der zwar dem Wind die Hauptätigkeit zuweist, die Mitwirkung gelegentlicher Regengüsse aber nicht ausschließt. OBRUTSCHEW nimmt für die Entstehung des asiatischen Lößes die gleichen klimatischen Verhältnisse wie heute an, denn auch noch heute entsteht in China echter Löß. Für ihn ist der nordchinesische Löß der Staubabtrag des verwitterten inneren Asien. Innerasien aber selbst ist arm an Ablagerungen von echtem Löß. Nach einer Besprechung in PETERMANNS Mitteilungen, 58. Jahrg. 1912, 2. Halbband über W. A. OBRUTSCHEW, Zur Frage der Entstehung des Löß. 8°, 38 S. (russisch) 1 Taf. Tomsk 1911.

[3]) Der Diluvialsand von Hangenbieten im Unterelsaß, seine geologischen und palaeontologischen Verhältnisse nnd Vergleiche seiner Fauna mit der recenten Fauna des Elsaß. — Abhdl. Geolog. Spezialk. Els.-Loth. Bd. 4, H. 2, Straßburg 1884.

[4]) Die diluviale Tierwelt von Vöklinshofen. Mitteil. Philomath. Ges. Els.-Lothr., Bd. 1, Jahrg. 5, 1897, S. 92.

Vorkommen von Thiede als ganz ungeeignet für Schlußfolgerungen an.[1])

Mit Recht, meinen Wahnschaffe-Schucht (S. 241—242), wird von den Vertretern der Windlehre besonderes Gewicht auf das Vorkommen einer reinen Landschneckenfauna im echten Löß gelegt. Im Bördelöß fehlt sie nach allgemeiner Annahme. Soviel ich weiß, gibt nur Korn an, im Löß des Wein-Berges bei Hohenwarthe vereinzelte Landschnecken gefunden zu haben.[2]) Durch alleiniges Vorkommen von Landschnecken unterscheidet sich der echte Löß vom Sandlöß, der auch Süßwasserschnecken führt. Der Sandlöß bei Straßburg beherbergt aber nach Schumacher (S. 17,[1]), 38) ganz vorwiegend Landschnecken, nämlich etwa 96 % — vor allem Succinea oblonga Drap., wenige Prozente Helix, Vallonia, Pupa und selten Clausilia —, und nur etwa 4 % Süßwasserschnecken (Limnaeus und Planorbis). Dasselbe ist der Fall bei den Schnecken, welche die jährlichen Hochwasser des Neckars im Überschwemmungsgebiet absetzen.[3]) Die gleiche Beobachtung hat Brokmeyer am Rhein, an der Mosel und an der Isar gemacht (vergl. oben S. 23 Anm. 1). Ist es, mit Rücksicht auf das große Vorherrschen der Landschnecken im Sandlöß, wirklich richtig, aus dem Fehlen der Süßwasserschnecken im echten Löß auf ganz andere Absatzverhältnisse zu schließen, und läßt sich dasselbe bei gleichbleibendem Absatzmittel nicht auf andere Weise erklären? Der Sandlöß stellt einen Übergang der Schotter und Sande der Zwischeneiszeiten zu dem eiszeitlichen reinen Löß dar. Das Zurücktreten der Süßwasserschnecken geht also mit einer Abnahme der Wärme Hand in Hand, und konnte diese dem Leben der Süßwasserschnecken nicht schließlich ein Ziel setzen? Die betonte Schneckenfreiheit des Magdeburger Bördelößes ist bei der geringen Entfernung vom Eisrande nicht auffallend, wenn man einen Absatz in gestautem Schmelzwasser annimmt, wohl aber, wenn er in einer Steppe entstanden sein soll. Gerade bei Magdeburg ist, wie Keilhack[4]) hervorhebt, der Abstand des Lößes von der Süd-

[1]) Über die Gliederung des Diluviums in Braunschweig. — Jahrb. Preuß. Geol. L. A. für 1914, Bd. 35, T. 2, H. 2, 292.

[2]) Der Westsporn des Fläming. Jahrb. Preuß. Geol. L. A. für 1916, Bd. 37, T. 2, H. 1, 138. — Handelt es sich um wirklich im Löß vorkommende oder heute auf dem Löß lebende Lößschnecken? Vgl. Geyer, S. 28 dieses Aufsatzes.

[3]) E. W. Benecke u. E. Cohen, Geognost. Beschreibung der Umgegend von Heidelberg, H. 3, Straßburg 1881, S. 263.

[4]) Die Nordgrenze des Löß in ihren Beziehungen zum nordischen Diluvium. Z. D. G. G. Bd. 70, 1918, 79.

grenze des letzten Inlandeises am geringsten und beträgt nur etwa 10 km.

Die Schnecken sind im Löß unregelmäßig verteilt, teils stellenweise oder strichweise angehäuft, teils zerstreut und vereinzelt. BENECKE und COHEN (85, S. 560) nehmen zur Erklärung dieser Erscheinung an, daß die leichten Schalen auf der Oberfläche des Wassers schwammen und ziemlich gleichzeitig abgesetzt wurden. Andere, die durch zufällige Ausfüllung mit Schlamm schwerer waren, sanken vereinzelt oder zerstreut unter. DEECKE (Geologie von Baden, II, S. 650) glaubt, daß die toten Schalen kleiner Schnecken durch heftige Winde stellenweise zusammengeweht sein können. Zu der auch von anderen Forschern geteilten Auffassung der Anschwemmung der Schnecken bemerkt DAVID GEYER[1]): „Es mutet uns sonderbar an, wenn wir hören, in welchen Vorstellungen vom Vorgang der Sedimentierung führende Geologen sich bewegten.“ Er weist dann zustimmend auf eine Angabe von SAUER hin[2]), wonach die Lößschnecken „niemals schichtweise angereichert, sondern gleichmäßig vom Liegenden zum Hangenden, also durch die ganze Ablagerung der betreffenden Lokalität verteilt sind“. Dazu bemerkt GEYER: „Diese Beobachtung allein schon entscheidet die ganze Streitfrage. Frei von jeder Anordnung von mechanischen Gesetzen, wie sie der Anhäufung durch Wasser zugrunde liegen, sind die Schalen, große und kleine, im Löß verteilt. Die Schneckenkolonien im Löß bieten ein Seitenstück zu den Schwammkolonien und Korallenstöcken im Jura“ (S. 52). Die Schnecken lebten andauernd an bestimmten, durch ihre Feuchtigkeit günstigen Wohnbezirken gesellig „und wurden im Tode begraben von dem trocknen Staub, der während ihres Lebens nicht vermochte, sie zu stören“. Gegenüber der geringen Beteiligung der Süßwasserschnecken im Löß weist GEYER auf den reichen Gehalt der jetzigen Anschwemmungen — im Gegensatz zu den Angaben von BENECKE und COHEN sowie BROKMEYER — und der quartären Schotter hin und ruft aus: „Welche Macht der Welt sollte das Wasser gehindert haben, im Löß dieselben Wassermollusken niederzulegen!“ Vielleicht, wie oben gesagt, die niedrige Temperatur des Wassers. Wo sie in zweifellosen Fluß- und Bachabsätzen in der Minderzahl auftreten, ist dies nach GEYER darauf zurückzuführen, daß sie wegen ihres Aufenthaltes am Boden der Gewässer, ihrer Größe und teilweise auch ihrer Dickschaligkeit bei Hochwasser auf den Grund ge-

[1]) Die Mollusken des schwäbischen Lößes in Vergangenheit und Gegenwart. Jahresh. Ver. f. vaterländ. Naturk. Württemberg, 73. Jahrg. 1917, 52.

[2]) Über die äolische Entstehung des Löß am Rande der norddeutschen Tiefebene. — Zeitschr. f. Naturwissensch. Halle 1889, Bd. 62, S. 10.

raten und dort zerrieben werden, bevor sie zum Absatz gelangen. Im aeolischen Löß sind die Schnecken ebenso ungeschichtet wie die unorganischen Bestandteile, regellos in diesen zerstreut. Die wenigen Süßwasserschnecken weisen nicht auf Flußabsatz hin und können in seichten Gräben und Tümpeln gelebt haben. Das strichweise oder in schmalen bandförmigen Streifen sich hinziehende Vorkommen von feuchtigkeitsliebenden Schnecken deutet, auch wenn Wasserschnecken fehlen, auf frühere Wasserläufe in diesem Gelände hin. Im Sandlöß sind Schnecken zusammengetragen, die entgegengesetzte Lebensbedingungen voraussetzen. „Die Molluskengruppe, die der aeolische Löß einschließt, ist an Ort und Stelle der Ablagerung entstanden und ökologisch einheitlich und stellt eine Fauna dar“ (S. 55). „Durch geringfügige Verschwemmungen, soweit sie durch kräftige Gewitter und Schmelzwasser herbeigeführt werden, kann eine nachträgliche Umlagerung zustande kommen, ohne daß die Einheitlichkeit gestört würde.“ „Für die Annahme einer besonderen Lößperiode und eines besonderen Lößklimas geben die Lößschnecken keine Anhaltspunkte“ (S. 57 u. 87). „Eine Lößfauna, nur in ihrer Zusammensetzung etwas verschoben, lebt auch heute noch auf dem alten Lößboden. Von der ersteren unterscheidet sich die alte Lößfauna durch das Fehlen warm (trocken-) liebender Schnecken der Mediterranzone“ (S. 75 u. 87). „Die Schnecken des echten Lößes und ihr Vorkommen weisen auf durchlässigen, trocknen Boden, spärliche Bewässerung, Abwesenheit dauernd schattenspendender Holzgewächse, auf Kraut-, Gras- und Moosvegetation und langsame Staubanhäufung hin“ (S. 88).

Über die von Sauer geschilderte, von Geyer besonders betonte Erscheinung des Emporwachsens der Schneckenansiedelungen im Löß habe ich keine eigene Erfahrung, kenne auch keine Bestätigung von anderer Seite. Der sichere Nachweis von strichweise oder in schmalen bandförmigen Streifen sich hinziehenden Vorkommen dürfte auch wohl nicht leicht sein, da es dazu zahlreicher, über größere Flächen verteilter Aufschlüsse bedarf. Nicht in Einklang mit der ersten Art des Auftretens steht z. B. die von Schumacher in den Erläuterungen zur Karte von Straßburg mitgeteilte Beobachtung im Löß der Schiltigheimer Terrasse, daß in einem und demselben Aufschluß gewisse Formen sich auf bestimmte Lagen beschränken, so Helix hispida und Pupa muscorum in großer Menge im unteren Teil einer Grube in Bischheim, Succinea oblonga ausschließlich im oberen Teil. Sie spricht auch gegen eine Verarmung der Lößfauna nach oben in xerophilem Sinne, die Geyer (S. 83 und 87) annimmt, da es nicht eine Trockenheit, sondern eine Feuchtigkeit liebende Form ist, die sich oben einstellt. Nach einer brieflichen Mitteilung (10. September 1923) von W. WAGNER liegen nach Beobachtungen, die er in den Kriegsjahren in der Umgebung von Straßburg gemacht hat, die Schnecken im jüngeren Löß unregelmäßig verteilt. „Im rheinhessischen Löß habe ich derartige unregelmäßige Verteilung noch nicht beobachtet, höchst selten ist mir hier ungeschichteter Löß begegnet, meist läßt sich eine mehr oder weniger deutliche Schichtung erkennen und damit verknüpft lagenweise Anordnung der Schnecken.“ GEYER ist auf Grund eingehender Kenntnis der Schnecken und ihrer Lebensweise zu seinen Folgerungen gekommen. Es ziemt mir in einer zoologischen Frage, mit der ich mich bisher nicht beschäftigt habe, weder eine Anerkennung noch eine Zurückweisung seiner Auffassung. Ich möchte dennoch hervorheben, daß es, wenn die Schnecken während der ganzen Lößzeit am Ort ihres Vorkommens gelebt haben, sehr auffallend ist, daß der Mensch und die Wirbeltiere nur zu bestimmten Zeiten auf der verlehmten oder in Verlehmung begriffenen Lößoberfläche gelebt haben. Bei der Zurückführung des Vorkommens der Süßwasserschnecken auf seichte Gräben und Tümpel hat GEYER übersehen, daß es sich z. B. beim Sandlöß von Schiltigheim um eine Ablagerung handelt, die sich in großer Gleichmäßigkeit über ein größeres Gebiet erstreckt und überall durch Führung von Sand Flußabsatz andeutet. Sandlöß leitet sowohl am Mittel- als auch am Unterrheine den Absatz des Lößes ein. Bei Straßburg hatte zur Zeit des Absatzes der Niederterrasse die Breusch ihre Schotter über den Rheinkies vorgeschoben. Der Sand im Sandlöß ist Breuschsand (SCHUMACHER, Erl. Straßburg, S. 11). Breusch und Rhein kämpften miteinander und brachten abwechselnd die mitgeführten Bestandteile zum Absatz. In den höheren, also jüngeren Teilen des jüngeren Lößes fehlen Einschwemmungen der Breusch. Bei fortschreitender Stauung war sie zurückgedrängt worden, es kam nur noch durch den Rhein Löß zum Absatz. Versiegt war die Breusch jedenfalls nicht, und das gleiche gilt für die anderen Seitenzuflüsse des Rheins. GEYER hat den Schnecken eine große, dem geognostischen Körper nicht die genügende Beachtung geschenkt.

Eine große Bedeutung für die Entstehung des Lößes wird, nach dem Vorgang SAUERS (S. 27,[2] und unten[1]) den in seinem Liegenden vorkommenden Dreikantnern oder Kantengeschieben zugeschrieben, die auch bei Magdeburg unter dem Löß vorkommen und deshalb nach WAHNSCHAFFE-SCHUCHT (S. 241) mit seiner Entstehung notwendig in

[1]) Gegenwärtiger Stand der Lößfrage in Deutschland. Globus, Bd. 59, Nr. 2.

Beziehung gesetzt werden müssen: „Allerdings ist es ausgeschlossen, daß der staubfeine Löß die Abschleifung der Kantengeschiebe bewirkt hat, aber es beweisen diese Pflaster eine ehemalige moränenbedeckte Oberfläche, wobei der Sand völlig fortgeblasen wurde, während sich aus dem feinen aufgewirbelten Staube erst nachher der Löß absetzen konnte.“ Zwischen Ausblasung und Lößabsatz liegt eine Unterbrechung, und aus der Umbildungsweise des Liegenden kann nicht auf die Entstehung des Hangenden geschlossen werden. Mir sagt die frühere Annahme viel mehr zu, daß die Steinsohle aus der Grundmoräne durch Auswaschung hervorgegangen ist. Sie muß, wie Wahnschaffe meint (S. 7,[1], 65), durch sehr starkströmende Wasser veranlaßt worden sein, „da sich hier nirgends die bei der Ausschlemmung gebildete Grande und Sande erhalten haben, sondern vollständig nur unter Zurücklassung des gröberen Materials entfernt worden sind“. Der Vorgang ist in die letzte Zwischeneiszeit zu verlegen, in welcher in der Magdeburger Gegend eine starke Abtragung stattgefunden hat. An der Ohre legt sich die obere Stufe der Talsande bis über 50 m tief in die Moränen von Calvörde und der Detzelschen Berge ein, welche einem Vorstoß innerhalb der zweiten Eiszeit entsprechen. Die Bildung der Kantengerölle kann ein späterer Vorgang sein. Der Absatz der (S. 12) von Ebendorf aus dem Liegenden des Lößes erwähnten Sande und Schotter muß wohl in die Zeit nach der Abschleifung der Kantengerölle und vor der Ablagerung des Lößes fallen. Im Ohretal liegt der Löß ursprünglich auf dem Talsand. (Vgl. S. 14 dieses Aufsatzes.)

Gewicht wird auch auf den seitlichen Übergang von Sanden in Löß gelegt. Ich kenne die Gebiete, in denen diese Erscheinung in Norddeutschland statthat, nicht aus eigener Anschauung, und möchte nur einwenden, daß ich mich von diesem Übergang, der im Mittelrheintal in der Gegend von Aschaffenburg vorkommen soll, nicht überzeugen konnte. Auch in Belgien scheint das Sandgebiet der Binnendünen gegenüber dem südlicher gelegenen Verbreitungsgebiet des Lößes der Annahme seitlichen Überganges günstig zu sein. Nach Levy[1])

[1]) F. Levy, Die belgischen Binnendünen. Geolog. Rundschau, Bd. 12, 1921, 150—155 mit 2 Zeichn. Wegen der Blöcke verweist Levy auf: G. Cumont et Ch. Fraipont, Note sur quelques affleurements dans le quaternaire et le tertiaire des environs de Bruxelles. Annal. Soc. géol. de Belgique, t. XL, 1913, B. 134. Charles Fraipont, A propos des blocs dit „Landenien“ dans le limon quaternaire. Ebenda B. 301. Die Verf. sind der Ansicht (B. 138), daß der aeolische Löß (Brabantien) aus ursprünglich wäßrigem Löß entstanden sei und führen den höheren Gehalt an kohlensaurem Kalk des ersteren auf eine Anreicherung der feinsten Teilchen bei der Verwehung zurück.

sind aber die Verwehungen nicht gleichalterig mit dem Löß, sondern jünger als dieser. Das Anwehen der Dünen erfolgte in der Nacheiszeit aus Campinesanden und zum geringen Teil aus sandigem Pliocän, den Löß hält der Verf. für „mindestens teilweise während des eigentlichen Eiszeitalters entstanden; das beweisen die bis fast 1 cbm großen ortsfremden Gesteinsblöcke, welche in der Brüsseler Gegend in ihm gefunden wurden und nur durch Scholleneistransport erklärt werden können".

Der kohlensaure Kalk findet sich im Löß wenigstens z. T. nicht in feinen selbständigen Körnchen, sondern in feiner, hautförmiger Umrindung der Quarzkörnchen, wobei die Oberfläche durch kleinste Kriställchen eine sehr feinzackig rauhe ist, wie dies die Abbildung 1 auf S. 23 bei SCHUMACHER (Erläut. Straßburg) zeigt. Selten ist der Kalk, wie ebenda zu sehen ist, in feinen spitzen Skalenoedern an den Quarz angesetzt. Diese Erscheinung, zugleich ihre Bedeutung für die Entstehung des Lößes, ist zuerst von BENECKE und COHEN erkannt worden (S. 26,[3], 556—557). Die Verf. nehmen an, daß das Karbonat dem Löß nicht in Körnchen beigemengt wurde, sondern sich aus einer Lösung niedergeschlagen hat, wahrscheinlich vor oder gleichzeitig mit der Ablagerung des Lößes. Spätere Einsickerungen hätten wahrscheinlich nur konkretionäre Bildungen erzeugt. Gegen die Umrindung vor Ablagerung des Lößes spricht eine Beobachtung von SCHUMACHER (S. 17,[1], 22), nach welcher die die Quarzkörnchen verhüllende Kalkhaut sich schon nach längerer Berührung mit Wasser lockert. Werden, wie beim Schlämmen, „die Körner durch einen aufsteigenden Wasserstrom in beständiger Reibung aneinander gehalten, so lösen sich nach und nach die Karbonatpartikelchen völlig los und geben die von ihnen umhüllten Sandkörner frei". Wenn ich nicht irre — Literatur fehlt mir — hat sich SCHUMACHER dafür ausgesprochen, daß die rauhe Umrandung der Quarzkörnchen den ziemlich festen Zusammenhalt des Lößes, die Möglichkeit, in steilen Wänden stehenzubleiben, bedingt. Die rauhen Quarzkörnchen haften wie Kletten aneinander. SAUER führt die Umrandung auf Umlagerung des als feinster Staub vorhandenen Kalkes durch die Regenwasser zurück (oben S. 27 Anm. 2). Auch WAHNSCHAFFE-SCHUCHT (S. 244) machen dieselbe Annahme. Ich selbst habe mich für die COHENsche Auffassung ausgesprochen.[1]) Sicher ist, daß die mit bloßem Augen erkennbaren örtlichen Anreicherungen von Kalk, wie die in der Umkrustung von Wurzeln gebildeten Kalkröhrchen und die Löß-

[1]) Übersicht über den geologischen Bau und die geologische Entwickelung des Reichslandes Elsaß-Lothringen und des Großherzogtums Baden. Straßburg i. Els. 1913, S. 50.

kindchen[1]), auf Wanderungen des Kalkes im fertig gebildeten Löß zurückzuführen sind. Die ersten Anfänge kann man oft an den Wurzeln der auf dem Löß wachsenden Bäume in Form kleiner Klümpchen erkennen; auch größere Knollen haften zuweilen noch an Wurzeln (S. 26,[3]), 559). Die Größe der Lößkindchen spiegelt den Umfang der von der Lößoberfläche ausgehenden Entkalkung wider. Sie sind gewöhnlich klein im jüngeren Löß, bei dem die Lehmdecke nur selten 1,5 m Mächtigkeit erreicht, meist wesentlich darunter bleibt, groß im älteren Löß, bei welchem die verlehmte Schicht mehrere Meter messen kann. Den Umstand, daß dieselben wagerecht und oft dicht gedrängt aneinander gereiht sind, haben Benecke und Cohen als Beweis für eine versteckte Schichtung im Löß gedeutet. Die Lößkindchen setzen sich dort ab, wo dem in die Tiefe sickernden Wasser eine Ungleichmäßigkeit entgegentritt. Die Wasser stauen sich aber nicht nur an undurchlässigen oder schwer durchlässigen Schichten, sondern innerhalb durchlässiger Schichten bei verschiedenem Grade der Durchlässigkeit.[2]) Mitunter schließen sie sich nach Thürach[3]) und Deecke (S. 19,[3]), II, 593) zu höckrigen, breiten Kalkplatten zusammen, hier und da auch zu einer festen, $^1/_2$ m dicken Kalkbank. Im chinesischen Löß, in welchem die Lößkindel in nahezu, aber nie ganz wagerechten Ebenen angeordnet sind, veranlassen sie eine gewisse Absonderung des Lößes in Bänke (S. 13,[2]), 59 und 61). Keilhack (S. 7,[1]), 81) hebt hervor, daß Lößkindel oder Lößpuppen im Bördelöß nur selten beobachtet werden. Das mag z. T. durch den geringeren Gehalt des Bördelößes an kohlensaurem Kalk bedingt sein (vergl. oben S. 18). Sollte aber nicht der Umstand eine größere Rolle spielen, daß die Börde zu den trockensten Gebieten Deutschlands gehört? Das würde eine geringere Durchsickerung des Bodens als in niederschlagsreichen Gebieten, also auch geringere Wanderungen des Kalkgehaltes zur Folge haben. Weissermel[4]) hat sich in den Erörterungen, welche dem Vortrag von Keilhack, Das Rätsel der Lößbildung, folgten, der Ansicht von Sauer sowie von Wahnschaffe-Schucht angeschlossen. Infolge seiner lockeren Be-

---

[1]) Auch in tertiären Mergeln entstehen durch Versickerung der Tagewasser knöllchenförmige Anreicherungen von Kalk.

[2]) L. van Werveke, Geologischer Wegweiser in Fragen der Wasserversorgung im Gebiet zwischen Maas und Mosel. — Mitteil. G. L. A. Els.-Lothr. Bd. 10, H. 1, 1916, S. 1.

[3]) Erläut. zu Blatt Karlsruhe-Daxlanden, 1912, S. 50.

[4]) Z. D. G. G. Bd. 72, 1920, B. 164. — Der Ansicht von Keilhack, daß der Löß kosmischen Ursprungs sei, kann ich mich nicht anschließen.

schaffenheit nimmt der Löß das Wasser schwammartig auf und hält es in derselben Weise fest. „Dieses schwammartig festgehaltene Niederschlagswasser steigt dann in trockenen Zeiten kapillar wieder in die Höhe, um allmählich zu verdunsten. So wird der Löß alljährlich und ständig nicht nur von oben nach unten, sondern, im Gegensatz zu vielen anderen Gesteinen, auch von unten nach oben von Wasser durchzogen. Dabei mußte der in feinen Splittern und Körnchen vorhandene Kalk aufgelöst werden. Da das Wasser aber im Löß kapillar festgehalten wird, verläßt er diesen nicht, sondern wechselt in ihm, aufsteigend und absteigend, nur den Ort und fällt beim Austrocknen wieder aus, natürlich als Überzug auf der Oberfläche der Quarzkörner.“ (S. 32,[4]), 164). E. ZIMMERMANN I kann an die ursprüngliche Kalkbeimischung im Löß nicht glauben. Er hält es für möglich, daß der Kalkgehalt erst durch die den Löß durchziehende Feuchtigkeit von unten, aus kalkhaltigem Liegendem, zugeführt ist, wenn diese in einem Steppenklima oben verdunstete. Der Kalk konnte dabei in verschiedener Höhe des Lößes abgesetzt werden, in Regenzeiten auch wieder abwärts wandern. Einen Einwand von LEPPLA, daß Löß mit 36 % kohlensaurem Kalk auch auf kalkfreiem Untergrund vorkomme, verrsuchte ZIMMERMANN durch die Annahme zu entkräften, daß an solchen Stellen früher eine kalkführende Unterlage vorhanden gewesen und durch Abwanderung nach oben vollständig aufgezehrt worden sein kann. Dieser Ansicht kann ich mich nicht anschließen.

Nimmt man an, daß die Umrindung der Quarzkörnchen nicht vor und nicht gleichzeitig mit dem Lößabsatz erfolgte, sondern tatsächlich eine nachträgliche ist, so hat man es mit zweierlei Wanderungen des Kalkes im Löß zu tun. Es ist aber recht wenig wahrscheinlich, daß beide, die Umrindung der Quarzkörnchen einerseits, die Kalkröhrchen und die Lößkindchen andererseits, unter den gleichen Bedingungen stattgefunden haben. In beiden Fällen handelt es sich um Konkretionen. Innerhalb dieser steht die Umrindung wohl der Oolithbildung am nächsten.[1]) Die Oolithe sieht ANDRÉE[2]) als „chemisch minerogene Komponenten“ an, als chemische Ausfüllung aus dem Mittel, aus welchem der Absatz erfolgt. An der Küste von Florida fehlen, wie

[1]) G. LINCK, Über die Bildung der Oolithe und Rogensteine. N. Jahrb. f. Mineral., Geol. u. Palaeont. BB. 16, 1903, 511. — Jenaische Zeitschr. f. Naturw. Bd. 45, 1909, S. 267.

[2]) Die Diagenese der Sedimente, ihre Beziehungen zur Sedimentbildung und Sedimentpetrographie. Geolog. Rundschau, Bd. 2, 1911, 61—74 u. 117—130. Vergl. S. 67.

Vaughan[1]) schildert, Oolithe in dem frischen Küstenschlamm, müssen nach ihm also wohl eine nachträgliche, diagenetische Bildung sein. Kann nicht die Umrindung der Quarzkörnchen in derselben Weise erfolgt sein, also durch Diagenese? In ihr hätten wir die Wanderung des Kalkes im Mittel, aus dem der Absatz erfolgte, also unter ursprünglicher Wasserbedeckung — die Feinheit des Kornes begünstigte die Auflösung — in den Kalkröhrchen und Lößkindeln[2]) nach der Trockenlegung. Diese Annahme läßt auch eine Erklärung dafür zu, warum die Anreicherung des Kalkes in dem einen Fall in der Umrindung zahlreicher Quarzkörnchen, im anderen in Knollen stattfand. Im ersten Fall war das Lösungsmittel gleichmäßig verteilt, konnte auch selbst Kalk abgeben, im zweiten folgte es den Wegen, die durch Zerklüftung und vorhandene Adern und Aderchen gegeben waren. Oolith- oder Sphaerolithbildung in fertig abgesetzten Gesteinen, zu welchen der „aeolische Löß" zu rechnen wäre, scheinen nicht bekannt zu sein. Um die volle Bedeutung der Erscheinung zu erfassen, müßten wir im Löß über weit mehr Untersuchungen verfügen können, als jetzt vorliegen, namentlich über Löße verschiedener Höhenlagen, und wissen, ob sie tatsächlich dem Löß überall zukommt. Das ist vielleicht nicht der Fall, denn Deecke (S. 19,[3]), II 591) schreibt: „Der kohlensaure Kalk sitzt als feine Haut um diese Sandkörner oder ist als feinster Staub das zementierende Element." Ebenso drückt sich Thürach (S. 32,[3], 49) aus. Nach Kayser[3]) war der Kalkgehalt ursprünglich wohl als feiner Staub vorhanden und überzieht jetzt die Feldspatsplitter, diese locker verbindend. Ob auch die Quarzkörner, ist nicht ersichtlich. S. 346 sagt derselbe Verf., daß die Ablagerung des Lößes nicht auf Grund beschränkter Erfahrungen, sondern von einem weiten Beobachtungsgebiet aus beurteilt werden müsse.

Willst im Unendlichen dich finden,
Mußt zergliedern, dann verbinden.

Mit dem Zergliedern sind wir aber beim Löß noch nicht fertig, bei uns nicht und auch nicht in Asien. Man wird auch dort die gleichalten und späteren tektonischen Vorgänge berücksichtigen müssen. Nehring sagt mit Recht: „Man darf also nicht alle Lößablagerungen

[1]) Prelimin. remarks on the Geology of the Bahamas. 1912. Nach Kayser, Geologie I, 719.

[2]) Walther führt die Lößmännchen auf die Diagenese zurück. Lithogenesis der Gegenwart, 3. Teil, Jena 1894, S. 798, doch kann ich mich dieser Auffassung ebensowenig anschließen wie der von Andrée, daß auch die Verlehmung auf diagenetische Vorgänge zurückzuführen sei (vergl. S. 21).

[3]) Lehrbuch der Geologie, Bd. 1, Aufl. 6, Stuttgart 1921, S. 344.

über einen Kamm scheren, sondern man muß dieselben nach den örtlichen Verhältnissen besonders beurteilen."[1])

Wegen der lockeren Beschaffenheit hält es E. ZIMMERMANN I für unmöglich, daß der Löß unter dauernder Wasserbedeckung in Staubecken abgelagert worden sei.[2]) Ebenso hat sich KEILHACK (S. 7,[1]), 93) ausgesprochen. LANG hält Absatz von lockerem Löß im Wasser für möglich, aber der Druck soll bei der Ablagerung nicht um ein Vielfaches größer gewesen sein können als der Atmosphärendruck.[3]) Den genannten Einwürfen gegenüber sei darauf hingewiesen, daß BENECKE und COHEN von Neuenheim bei Heidelberg einen nach seiner Schneckenführung sicher umgeschwemmten Löß beschreiben, der von echtem Löß nicht zu unterscheiden ist. Sie fügen hinzu: „Wenn aber ein von Wasser aufgenommener Löß mit unveränderten petrographischen Eigenschaften abgesetzt werden kann, so kann er jedenfalls auch ursprünglich im Wasser suspendiert gewesen sein" (S. 26,[3]), 564). Die am Versuch angestellte Beobachtung von SCHUMACER (S. 31 dieses Aufsatzes) über die Ablösbarkeit der Kalkrinde scheint demnach in der Natur, wenigstens nicht immer, zuzutreffen. Es genügt auch, um den Einwand von E. ZIMMERMANN I zu entkräften, auf den Sandlöß hinzuweisen, denn seine sandfreien Lagen unterscheiden sich nicht vom echten Löß. Es ist zwar versucht worden, auch den Sandlöß durch die Windlehre zu erklären, entsprechend dem chinesischen Seelöß von VON RICHTHOFEN. Löß soll in die vorhandenen Wasser eingeweht worden sein. Als eingeweht in einen ehemaligen See von beschränktem Umfange sieht AXEL SCHMIDT[4]) einen zwischen Sanden eingeschalten Löß mit Succinea Schumacheri Andr. und Limnaea trunculala Müll. an, der durch eine Sandgrube bei Renningen, O.A. Leonberg (westlich von Stuttgart) aufgeschlossen ist. Die Höhenlage scheint nach dem mir allein zur Verfügung stehenden Blatt Stuttgart des Deutschen Reiches 1 : 300000 wenig über 400 m NN zu betragen. Aber auch in diesen Fällen würde der Sandlöß gegen die Ansicht von ZIMMERMANN sprechen.

---

[1]) Über Tundren und Steppen der Jetzt- und Vorzeit, mit besonderer Berücksichtigung ihrer Fauna. Berlin 1890, S. 220.

[2]) Einiges zur Lößfrage. Ber. nordoberfränk. Ver. f. Natur-, Geschichts- und Landeskunde, Hof 1896. Nach WAHNSCHAFFE-SCHUCHT, S. 240.

[3]) Über Sedimentärgesteine aus der Umgegend von Göttingen. Z.D.G.G. 1881, Bd. 33, S. 278.

[4]) Die Entstehung des Flußnetzes der schwäbischen Schichtstufenlandschaft. Jahresber. und Mitteil. Oberrhein. Geol. Ver. 1921, 57—58.

Dafür, daß die Gestalt der Quarzkörnchen, ob eckig oder gerundet, eine Entscheidung zwischen Wind- und Wasserabsatz nicht gestattet, hat sich J. Kloos ausgesprochen.[1])

Besondere Bedeutung wird auf die meist einseitige Ausbreitung des Lößes an verschieden gerichteten Hängen gelegt und diese Erscheinung mit ursprünglichem Absatz aus in bestimmter Richtuug wehenden Winden in Zusammenhang gebracht. Wahnschaffe-Schucht sind dagegen der Ansicht, daß die jetzt lößfreien Flanken erst durch Wind und Regen in der Nacheiszeit ihre früher ebenfalls vorhandene Lößdecke verloren haben. Dieselbe einseitige Ablagerung zeigt auch der lothringische Lehm. Die gegen S und W gekehrten Hänge sind in der Regel steiler als die gegen N und O gerichteten, besonders in den Gebieten weicher Gesteine, wo die Lagerungsverhältnisse eine untergeordnete Rolle spielen. Erstere sind lehmfrei, letztere von Lehm überdeckt. Schumacher hat schon in 1887 beide Erscheinungen als Ergebnis der Abtragung auf die herrschende Wind- und Wetterrichtung zurückgeführt.[2]) Besonders deutlich tritt diese Erscheinung in den ausgedehnten Salzkeupergebiet auf Blatt Pfalzburg der geologischen Karte von Elsaß-Lothringen 1 : 200000 hervor. Nicht nur der Lehm zeigt die einseitige Lagerung, sondern sie kommt auch den den Lehm vielfach unterlagernden Schottern zu. Im Elsaß tritt der Löß an dem von ihm aufgebauten Hügeln an den gegen S und W gerichteten Hängen zutage, während die flacheren N- und O-Gehänge bis zur nächsten Talsohle mit Lehm überzogen sind. Daß keine Veranlassung vorliegt, den lothringischen Lehm auf Windabsatz zurückzuführen, möchte ich hier nochmals betonen. Allerdings ist auch früher behauptet worden, daß der lothringische Lehm als entkalkter Löß aufzufassen sei. Es scheint mir aber auch heute noch manches als Löß angesprochen zu werden, was diese Bezeichnung nicht verdient. Ich denke hierbei z. B. an den Querschnitt durch älteren und jüngeren Löß in der Lemkeschen Ziegeleigrube bei Bessinghausen, den Wahnschaffe-Schucht nach Grupe auf S. 251 geben. Was in diesem als älterer Löß bezeichnet ist, dürfte eine ursprüngliche Lehmablagerung sein.

Als besonders wichtig wird auch das Weggreifen des Lößes über die Wasserscheiden betont, so von Em. Kayser (S. 34,[3]), I, 345) und von

---

[1]) Zur Entstehung der lößartigen Lehme. Z. D. G. G. Bd. 44, 1892, 324—328.

[2]) Erläuterungen zur geologischen Übersichtskarte des westlichen Deutsch-Lothringen in 1 : 80000. Straßburg i. Els. 1887, S. 72.

von Richthofen (45, I, S. 154). Über die Wasserscheide zwischen Rhein und Mosel greift, wenigstens im ehemals reichsländischem Gebiet, der Löß, weder der ältere noch der jüngere, entschieden nicht weg, die Grenze zwischen Lehm- und Lößgebiet liegt sogar im nördlichen Teil des Zaberner Bruchfeldes in diesem selbst. Der sandige Lehm des Gebietes zwischen dem Gebirge und dem Bast-Berge bei Buchsweiler i. Unterelsaß geht bei diesem Ort durch Abnahme des Sandgehaltes und Auskeilen der ihm eingelagerten Streifen von Vogesensand in gewöhnlichen Lehm über (S. 3,[2], XXIII). Weiter östlich vollzieht sich der Übergang von Lehm in Löß.[1]) Wohl hat der älteste Löß, wenn die Deutung des Sundgaulehmes als verlehmter Löß richtig ist, im Anschluß an den ältesten Rhein[2]) die Wasserscheide zwischen dem heutigen Rhein und der Rhône überschritten, doch haben wir keine Anhaltspunkte für die gleiche Erscheinung bei den jüngeren Lößen. Die Wasserscheide liegt westlich von Dammerkirch am Rhein-Rhône-Kanal bei Gottestal in der Höhe von 352,5 m, inmitten eines ausgedehnten Lehmgebietes. Jüngeren Löß gibt das von Br. Förster aufgenommene Blatt Dammerkirch nördlich vom Kanal bei Büttweiler, 7 km östlich von der Wasserscheide, bis zur Höhe von rund 305 m an. Südlich vom Kanal stellt sich Löß etwas früher, bei Dammerkirch, 5 km östlich der Wasserscheide, in gleicher Höhenlage ein. Ungefähr gleich hoch reichen anscheinend die obersten Lößvorkommen im Neckartal bei Nürtingen.[3])

Der sandige Lehm und der ihn überdeckende Lehm im Moseltal auf der Höhe von Mercy sind, wie gezeigt, älter als der ältere Sandlöß und Löß im Rheintal. Entsprechende Lößbildungen sind in diesem nicht bekannt, doch zweifle ich nicht daran, daß sie vorhanden sind. Man wird sie bei gelegentlichen Aufschlüssen dort finden können, wo die jüngeren Deckenschotter zwischen Basel und Sierenz zutage gehen. Als Anhaltspunkte für das Vorkommen eines ältesten Lößes, der verschwemmt wurde, hat man Wert auf eine Mergelbank („Rutotbank“) gelegt, welche den Sanden von Mauer eingeschaltet ist. „Sörgel macht mit Recht darauf aufmerksam, daß solche mehrfach vorkommenden

[1]) L. van Werveke, Erläut. zu Blatt Buchsweiler der Karte 1 : 25 000. Straßburg.

[2]) L. van Werveke, Das Alter der Sundgauschotter im Oberelsaß. (Der Deutschen Geolog. Ges. am 4. 9. 23 zur Veröffentlichung eingesandt).

[3]) Karte auf S. 27 bei Geyer (S. 27,[1])) und Höhenzahl 300 auf der Karte von Regelmann.

Einschaltungen keine weitgehende Bedeutung haben" (nach S. 19,[3], II, 586)., Wer auf dem Standpunkt ursprünglich wäßriger Bildung des Lößes steht, wird in dieser Mergelbank eine ursprüngliche Ablagerung sehen die erste Andeutung der späteren, reicheren Lößbildung. Daß nach F. Förster[1]) ganz oben, unter dem Löß, eine Schicht mit Resten von subarktischen Tieren, Eisfuchs, Schneehase u. a. erkannt wurde, zeigt gleichfalls das Heranrücken volleiszeitlicher Verhältnisse an. Bei Hundisburg schieben sich Sande mit nordischen Geröllen als Ablagerungen einer wiederkehrenden Eiszeit über die einheimischen, versteinerungsführenden Schotter über, welche derselben Zwischeneiszeit (zwischen Mindel- und Würmeiszeit) angehören wie die Sande von Mauer. Älter als die Hochterrasse ist der Löß von Hellriegelsreuth an der Isar südlich von München; er liegt zwischen Deckenschotter und Hochterrasse.[2])

Die früher geltende Ansicht, daß aller Löß auf der Hochterrasse liege, ist insofern noch nicht ganz überwunden, als sie leicht dazu führt, alte Schotter, auf denen Sandlöß und Löß gefunden werden, als Hochterrasse anzusprechen und dadurch verhindert, ältere Schotter und zugehörige Löße zu erkennen. So scheint mir der „ältere Löß", der deutlich geschichtet, aber fast vollkommen verlehmt, in einer Mächtigkeit bis zu 11 m die Hauptterrasse am Niederrhein überlagert (S. 16,[3], 253 bis 254), älter zu sein als der ältere Löß im Sinne von Schumacher, damit auch die Hauptterrasse älter als die Hochterrasse, zu welcher sie Keilhack (S. 16,[2], 492) gerechnet hat. Die gegenseitige Orts- und Höhenlage dieser Terrasse und der ihnen zugewiesenen Endmoränen glaube ich nicht im Sinne einer Zusammengehörigkeit deuten zu können. Dagegen scheinen mir zur Hochterrasse (im Sinne der schweizerischen und ehemaligen elsässischen Geologen) die stark zersetzten Schotter gestellt werden zu können, welche E. Zimmermann II in der Gegend von Troisdorf als „Ältere Mittelterrasse = Steinmanns Hochterrasse" bezeichnet hat (S. 11,[3], 175). Sie stehen auf gleicher Stufe mit den stark zersetzten Hochterrassenschottern in der großen Carstenjenschen Kiesgrube auf der Südwestseite des Hülserberges in der Gegend von Krefeld, während die „Mittelterrassenschotter" im Bahneinschnitt nördlich der Grube ganz frisch sind und dem oberen, letzten Diluvium

---

[1]) Über eine diluviale subarktische Steppenfauna von Mauer. — Verhdl. Naturw. Ver. Karlsruhe, Bd. 25, 1913.

[2]) Penck, Die Alpen im Eiszeitalter. Lief. 1, 1901. Tafel 1 „Überlagerung dreier fluvioglazialer Schotter im Dieffenbachsteinbruch unweit Hellriegelsreuth südlich von München.

entsprechen.[1]) Das steht durchaus mit meiner Auffassung in Einklang.

Im Pliocän schoben sich aus den Vogesen und aus dem Schwarzwalde Gletscher bis in die Vorhügel vor[2]), der ältere Deckenschotter steht mit Moränen der Alpen in Verbindung. Trotzdem für den zwischen beiden abgesetzten Sundgauschotter Moränen nicht bekannt sind, dürfen wir in ihm eine Flußablagerung erblicken, deren Bildung unter den auf S. 8 genannten Bedingungen mit einer ehemaligen Vergletscherung in Beziehung stand, und auf deren Aufschüttung eine Zeit des Lößabsatzes folgte. Man geht wohl nicht fehl, wenn man den Lehm, der den Sundgauschotter überlagert und nach RICH. OBERDORFER[3]) eine Mächtigkeit von 20 m erreichen kann, als diesen Löß anspricht, der aber, weil er länger als die jüngeren Löße der Auslaugung ausgesetzt war, bis auf geringe Reste verlehmt ist. Der Fluß, der kalkreiche Schotter abgesetzt hatte, mußte nach seiner Stauung kalkhaltigen Schlamm absetzen. Der Sundgauschotter ist auf einer fast ebenen, nur wenig schwach welligen oder schwach kuppigen Unterlage ausgebreitet worden, was wohl eher auf eine damals tiefliegende als auf eine hochliegende Fläche hindeutet; seine Oberfläche ist dagegen ganz eben ([3]), S. 30 u. Taf. 1). Zwischen den Schotter und den Lehm sind geröllführende Lehme eingeschoben. „Die oberen Lagen des älteren Rheinschotters werden in der genannten Grube (d. i. Strohhütte bei Altkirch) von einem ockergelben, sandigen, wasserundurchlässigen Letten gebildet, der von grauen Verwitterungsrinden durchzogen ist. Er umschließt dünne Sand- und Kiesstreifen, deren Gerölle mit denen des darunterliegenden Schotters übereinstimmen.“[4]) „Direkt über dem Deckenschotter wird er (der Lehm) oft sehr fett und ist von hellgraublauer Farbe. An der Grenze zwischen Lehm und Deckenschotter wechsellagern häufig braune und graublaue Bänder eines stark ver-

---

[1]) GAGEL, Über einen neuen Fundpunkt nordischer Grundmoräne im niederrheinischen Terrassendiluvium und die Altersstellung dieser Grundmoräne. Z. D. G. G. Bd. 71, 1919, B. 28 u. 24.

[2]) L. VAN WENVEKE, Über das Pliocän des Unterelsasses. Mitteil. G. L. A. Els.-Lothr., Bd. 3 H. 2 1892, 157. — Ber. 24. Versamml. Oberrhein. Geolog. Ver. 1892, S. 21. — SCHUMACHER, E., Über die Gliederung der pliocänen und pleistocänen Ablagerungen im Elsaß. Z. D. G. G. Bd. 44, 1892, 831. — L. v. W. Bericht über die in das Diluvialgebiet des Elsasses unternommene Exkursion. Mitteil. Bad. Geol. L. A. Bd. 3, H. 1, 1893, 61.

[3]) Über den Sundgau-Deckenschotter. Jahresber. u. Mitteil. Oberrhein. Geolog. Verein, N. F. Bd. 9, 1920, 26—41. Vgl. S. 29. Mit 1 Taf. u. 0 Abbild.

[4]) Erläut. zu Blatt Altkirch der Karte 1 : 25 000. Straßburg i. Els. 1902, S. 10.

lehmten Sandes, die kleine Kiesgerölle führen" (S. 39,[3], 29). Zwischen den reinen Schottern, die einen stark tragfähigen Rhein voraussetzen, und dem reinen Lehm, der auf ein ruhiges Wasser hinweist, ist also eine Bildung mit Sand und kleinen Geröllen eingeschaltet, die einer zwischenliegenden Tragfähigkeit entspricht. „Schlammige Wasser des Rheins in trägem Lauf", um einen von STEINMANN[1]), allerdings für einen jüngeren, am Ende einer Lößzeit liegenden Zeitabschnitt angewandten Ausdruck zu gebrauchen, brachten diese Bildungen zum Absatz. Dieser Zwischenbildung fällt dieselbe Rolle zu wie den sandigen Lehmen und den sandigen Lößen bei den jüngeren Löß- und Lehmstufen.

Der ältere Deckenschotter, der auf den Sundgau folgt, weist in seiner Verbreitung nicht mehr auf einen O-W, sondern auf einen S-N gerichteten Rhein hin. Die Änderung der Richtung führen die meisten Forscher, so auch BR. FÖRSTER[2]) kurz auf Senkung im Rheintalgraben zurück. Ausführlich hat sich G. KLÄHN[3]) mit der Frage der Umkehr des Rheins beschäftigt. Er nimmt an, daß der Rhein beim Verlassen der Ostwestrichtung einem großen, gegen NO offenen Bogen gefolgt ist, der sich allmählich verkleinerte. Überlegungsgemäß erwartet er „von den umbiegenden Strömungen durch konzentrische Rücken getrennte Halbringe" und glaubt diese in der Richtung der Wasserläufe, welche die alten Rinnen vertieften, erkennen zu können. Dem äußersten Bogen entspricht das Tal der Larg, nach innen folgt der Bogen, in welchem Birsig und Ill verlaufen. Der innerste Ring soll durch den Tal-Bach bzw. Wahlbach-Niedermattgrabental bei Landser gebildet sein. Dieselbe Ansicht findet sich bei EISENMENGER[4]) in einem Aufsatz, der anscheinend Ergebnisse eigener Untersuchungen bringt, dem Aufsatz von KLÄHN aber stark nachgebildet ist. Wenn man sich die genannten Bogen auf einer Karte der Flußläufe ansieht, wie sie KLÄHN und EISENMENGER geben, so scheint die Erklärung vieles für sich zu haben. Aber nicht, wenn die Prüfung gründlich geschieht. Dann ergeben sich für die Verlegungen nämlich wesentliche Schwierigkeiten, auf die ich aber nicht eingehen will, weil meiner Ansicht nach eine allmähliche Umkehr des Rheins überhaupt nicht stattgefunden hat. Als die Stauung, welche den trägen Lauf des Rheins bedingte, vollständiger, und nur noch

[1]) Über Pleistocän und Pliocän in der Umgebung von Freiburg. Mitteil. Bad. G. L. A. Bd. 3, 1893, 127—128.

[2]) Führer durch die Umgebung von Mülhausen. Mitteil. Geol. L. A. Els.-Lothr. Bd. 3, 1892, S. 291.

[3]) Hydographische Studien im Sundgauer Hügelland. GERLANDS, Beiträge zur Geophysik, 1904, Bd. 6.

[4]) Études sur l'évolution du Rhin et du système hydrographique rhénan, Paris, 1907.

Lehm abgesetzt wurde, hörte der Rheinlauf zu bestehen auf, es bildete sich eine seeartige Erweiterung, wie sie heute der Bodensee darstellt. Der in diesem abgesetzte Schlamm ist lößartig. Als nach der Trockenlegung des Lößes der Rhein sein Wasser wieder in einem Strom vereinigte, bahnte er sich einen anderen Weg durch den inzwischen vertieften Graben von Sierenz. Der Ostwestrhein hatte unterhalb Basel zur Zeit des auf den Deckenschotter folgenden Lößes aufgehört zu bestehen, der Südnordrhein ist nach dem Absatz des Lößes neu entstanden (S. 31,[1], 52). Entsprechend war zur Zeit der Entstehung des jüngeren Lößes die Breusch aus der Rheinniederung zurückgewichen.

Die Annahme von Stauungen erklärt die Absätze der sandigen Lehme und der Lehme Lothringens und in einem Teil des Zaberner Bruchfeldes, sie erklärt die Aufeinanderfolge von sandigen Flußablagerungen, sandigem Löß und Löß im Rheintal, läßt erkennen, warum der Mensch während des Diluviums nur in bestimmten Zeiten im Rheintal leben konnte und gibt schließlich eine sehr einfache Erklärung für die Richtungsänderung des Rheins in der Zeit zwischen der Ablagerung des Sundgauschotters und des älteren Deckenschotters. Es wäre jedoch ein Fehler, wenn man eine Anstauung des Wassers bis zu der Höhe annehmen wollte, bis zu welcher die Lehme heute reichen, bei Bettlach (im Gebiet des Blattes Volkensberg) bis 525 m. Zur Zeit der Ablagerung der Schotter war ihr Gefälle, wie die Flußrichtung des Rheins, eine ostwestliche. Heute ist es, nach Oberdorffer, nordwestlich, und es wird von ihm durch eine Senkung der tertiären Unterlage im NW erklärt. Das Fallen verläuft in der Richtung des Illtales. Mir scheint auf Blatt Dammerkirch nach den Aufnahmen von Br. Förster auch ein nördliches Fallen in Betracht zu kommen, neben einem SW-NO-Streichen auch ein westöstliches. Am Rhein-Rhône-Kanal geht in den an den Sundgauschotter nördlich anschließenden gleichalten Vogesenschottern die Fallrichtung in SO, weiter nördlich in O, die Streichrichtung aus SW-NO in beinahe N über. In den Schottern macht sich also eine Mulde bemerkbar, deren Mittellinie am Kanal WO- bis SW-NO streicht und in die Fortsetzung des Tiefsten der Mulde von Montbéliard fällt. Der Sundgauschotter gehört also dem Flügel einer Mulde an, die sich in ihrer Richtung in die im Elsgau und im Sundgau sowie südlich von beiden im Jura herrschende Richtung einfügt. Bei diesen hat aber eine Heraushebung im Süden stattgefunden, und man muß das gleiche für den Sundgauschotter annehmen. Nicht Senkung im NW, sondern Heraushebung im S bis SO hat die schräge Lage dieser Schotter bedingt. Sie hat auch die Tieferlegung der Rheinstufen vom Sundgauschotter bis zur Niederterrasse und in dieser die Auflösung in mehrere Stufen veranlaßt. Die Heraushebung geschah aber nicht gleichmäßig, sondern ruckweise. Absinken im Rheintal erfolgte erst aus der Gegend von Mülhausen ab gegen N, wo die Mächtigkeit der Schotter im Untergrund der Rheinebene sich sehr zu verstärken beginnt. G. Klähn glaubt eine Heraushebung im S, die in älteren Schriften mehrfach angenommen ist, zurückweisen zu müssen. Er stützt sich dabei auf das von Gutzwiller beschriebene Vorkommen von Mariastein im nördlichen Jura, wo Schotter vom Alter der Sundgauschotter bei 510—515 m liegen, während sie im Oberelsaß bei Bettlach bis 525 m reichen. Bei einer Heraushebung in südlicher Richtung müßten sie, meint Klähn, bei Mariastein höher, nicht tiefer liegen. Eisenmenger (S. 40,[4], 131) wiederholt getreulich diesen Einwand.

Nach den Zeichnungen von Br. Förster auf Blatt Volkensberg 1 : 25000 reichen allerdings die Deckenschotter mit dem sie überlagernden Lehm, dem hier eine Mächtigkeit von 5 m zukommt, bis 525 m, die Auflagerung der Schotter auf dem Oligocän beginnt aber schon bei 490 m. Über die Schotter von Mariastein sagt Gutzwiller: „Ungefähr auf gleicher Höhe dieser Ablagerung (Bettlach), getrennt durch das breite Leimental, findet sich südlich der Landskrone auf dem St. Annafeld bei Mariastein und auf dem Berg zwischen Hofstetten und Bättwil im „Unter-Eichwald" auf 510—515 m ein Rest einer ähnlichen Geröllbildnng. Gut gerundete Quarzite uud Buntsandsteingerölle liegen auf den Äckern in ziemlich beschränkter Verbreitung."[1]) Es handelt sich also hier nur um geringfügige Reste, dessen Höhenlage nicht mit der höchsten Lage des Deckenschotters bei Bettlach verglichen werden darf, vielmehr nur mit derjenigen der Auflagerungsfläche. Man muß sogar damit rechnen, daß die Reste bei Mariastein, die nur aus unverwitterbaren Gesteinen bestehen, sich gegenwärtig nicht mehr auf der ursprünglichen Ablagerungsfläche befinden, sondern durch Auswaschung ihrer Unterlage in tiefere Lage gerückt sein können, vorausgesetzt, daß es sich überhaupt um Sundgauschotter und nicht etwa um unterpliocäne Schotter handelt. Der Einwurf von G. Klähn ist also nicht bindend.

Bei der Annahme einer Heraushebung im S kann die Stauhöhe des Wassers wesentlich hinter der heutigen Höhenlage des auf den Sundgauschotter folgenden Lehmes oder früheren Lößes zurückgeblieben sein. Sie mag möglicherweise nicht wesentlich höher gewesen sein als der heutige Rheinspiegel bei Basel (240 m).

---

[1]) Beitrag zur Kenntnis der Tertiärbildungen der Umgegend von Basel. — Verhandl. Naturf. Ges. Basel, Bd. 29, 1893, S. 235.

Als Ursache der Stauung habe ich in 1897 weiträumige Bewegungen angenommen (S. 10,[1], 53); auch auf S. 10 habe ich mich in diesem Sinne ausgesprochen. An anderer Stelle sprach ich von den großen Eismauern der nordischen Gletscher, die den Abfluß des Rheins hemmten (S. 31,[1], 50). Beide Vorgänge können ineinander gegriffen haben. Ich will der Frage hier nicht weiter nachgehen und nur noch einige Angaben hervorheben, welche im Niederrheingebiet den Absatz von Lehm und Löß in gestauten Wassern dartun. Auf geschichteten Löß am Niederrhein hat WUNSTORF hingewiesen (S. 15,[2]). Dieser „aquatische" Löß schiebt sich nach KEILHACK zwischen älteren und jüngeren „aeolischen" Löß ein, doch weiß der Verf. nicht zu sagen, „auf welchen Umstand und auf welche stauenden Ursachen die Entstehung der großen Flächen stehenden Wassers zurückzuführen ist, in denen der aquatische Löß zum Absatz gelangte" (S. 16,[2], 490). BÄRTLING hält es für sehr wahrscheinlich, daß die ausgedehnte Lehmdecke südlich der Ruhr bei Hagen-Eppenhausen, Iserlohn, Hemer, Menden u. a. Orten., für die sonst kaum eine Erklärung zu finden ist, der Absatz in einem weit in das Gebirge hinein angestauten See ist, dessen Staumauer die Ruhr-Endmoräne bildete. Die Decke ragt höchstens bis 280 m, und ungefähr in derselben Höhe lag die Stirn des Inlandeises am Haarstrang auf.[1]) Nach der von BÄRTLING gegebenen Übersichtskarte war der Rhein zwischen Krefeld und Duisburg durch Endmoränen abgeriegelt. Gegen W mag, wie mir scheint, die Hauptterrasse am Abschluß beteiligt gewesen zu sein, doch läßt sich eine sichere Annahme wegen der vorgekommenen tektonischen Störungen nicht machen.

Bei der Annahme von Stauungen für die Entstehung des lothringischen Lehmes und des mittelrheinischen Lößes ging ich von Beobachtungen über die Ablagerungsverhältnisse in beiden Gebieten aus. Daß man sich neuerdings auch gezwungen sieht, am Niederrhein für die Erklärung mancher Lehm- und Lößvorkommen auf Stauungen zurückzugreifen, ist eine wesentliche Stütze für die Richtigkeit meiner Auffassung.

Auch für die Elbe darf eine Stauung in der letzten Eiszeit angenommen werden. Die obere Stufe der Talsande der Elbe, welche, wie ich angenommen habe, mündlich 1908, schriftlich 1909, (S. 14,[1], S. 178; vergl. auch S. 14 dieses Aufsatzes), der jüngsten Diluvialterrasse oder der Rheinniederterrasse bzw. der Lingolsheimer Breuschterrasse bei Straßburg entspricht und allein von Löß überdeckt ist, erstreckt

[1]) Die Endmoränen der Hauptvereisung zwischen Teutoburger Wald und rheinischem Schiefergebirge. Z. D. G. G. Bd. 72, 1920, B. 3—23 (vergl. S. 20—21) mit 1 Übersichtskarte und 2 Zeichnungen.

sich dem heutigen Elbelauf entlang bis unterhalb Rogätz, wendet sich hier gegen N, ist aber nur noch über Angern bis Sandbeiendorf verfolgbar. Ursprünglich erstreckte sie sich wohl viel weiter, wurde aber in ihrer Fortsetzung durch den Geschiebemergel der 3. Eiszeit überdeckt, z. T. später bei der Auswaschung, welche der Ablagerung der unteren, altalluvialen Stufe der Talsande vorausging, abgetragen. Vielleicht schon früher, aber sicher nachdem der Gletscher seine Stirn bis Rogätz vorgeschoben, wurde die Elbe zwischen ihr und dem südlichen Teil der Letzlinger Heide gestaut. Die Frage ist viel besprochen worden, ob sich die Elbe früher entweder durch das untere Bodetal und die Ocker oder durch das Ohre- und das Allertal der Weser zugewandt habe. Nach Wiegers[1]) haben Bohrungen für den Mittellandkanal zwischen Gr. Ammensleben und Meitzendorf ein Durchschnittsprofil ergeben, in welchem unter dem oberen Talsand der Ohre und und unter einem 5,0—6,5 m mächtigen Auswaschungsrest eines Geschiebemergels 6,5—18,0 m Kies angetroffen wurde, der von „einem von Süden gekommenen fluvioglazialen Elblauf" herrührt. Mir scheint es richtiger, in ihm den Absatz eines zwischeneiszeitlichen Elbeschotters zu sehen, der gleichalt mit den der 1. Zwischeneiszeit angehörenden Hundisburger Schottern ist.[2]) Ihm gehören meiner Ansicht nach auch die kiesführenden Sande mit viel weißem Quarz und mit Kieselschiefer in den Gruben nördlich des Kirchhofes von Meseberg an. In der 1. Zwischeneiszeit floß also die Elbe streckenweise dem heutigen unteren Ohretal entlang. Eine untere Ohre bestand aber damals hier noch nicht, denn die Schuttkegel des Bullengrabens und der Beber nordwestlich und südöstlich von Neuhaldensleben mit Geröllen aus dem Flechtinger Höhenzug überschreiten das heutige untere Ohretal, und die genannten Wasserläufe wurden wohl unmittelbar von der Elbe aufgenommen ([1]), S. 194). Daß die Elbe später diesen Weg nicht mehr benutzt hat, steht nach den Ausführungen von Wiegers außer Zweifel. Aber auch entlang der unteren Bode sind Elbeschotter nicht bekannt (S. 9,[1]), 216), die Elbe muß also zur Zeit des äußersten Standes des Gletschers der 3. Eiszeit als Flußlauf zu bestehen aufgehört haben. In dem entstandenen Staubecken wurde der Löß der Magdeburger Börde abgesetzt.

[1]) Geologisches Wanderbuch für den Regierungsbezirk Magdeburg. Stuttgart 1924, S. 194.

[2]) Diluviale Flußschotter aus der Gegend von Neuhaldensleben. Jahrb. Preuß. Geol. L. A. für 1905, H. 1, S. 58—80. — Z. D. G. G. Bd. 57, 1905, S. 1—5. — Erläut. Blatt Neuhaldensleben 1 : 25 000, 1919, S. 19—23.

Nachtrag zu Seite 17.

Nach einer gefälligen Mitteilung des Herrn Geheimrat Prof. SALOMON vom 9. Januar 1924 hat er in Brötzingen bei Pforzheim in einem Tripelbergwerk 7 m unter der Oberfläche eines Kleeackers lebende Pflanzenwurzeln gefunden, welche durch die Bänke des Mittleren Muschelkalks durchgewachsen waren.

Inhaltsübersicht.

MIX
Papier | Fördert gute Waldnutzung
FSC® C083411

Zeitfracht Medien GmbH
Ferdinand-Jühlke-Straße 7
99095 Erfurt, Deutschland
produktsicherheit@kolibri360.de